U0161162

智能优化算法：
RNA 遗传算法

Intelligent Optimization Algorithms: RNA Genetic Algorithms

王　宁　陶吉利　朱笑花　　著
王康泰　张　丽

科学出版社

北　京

内 容 简 介

本书介绍了智能优化算法中的 RNA 遗传算法，包括 RNA 遗传算法、具有茎环操作的 RNA 遗传算法、受蛋白质启发的 RNA 遗传算法、信息熵动态变异概率的 RNA 遗传算法、自适应策略的 RNA 遗传算法、发夹交叉操作 RNA 遗传算法的桥式吊车支持向量机建模和发夹变异操作 RNA 遗传算法的桥式吊车神经网络建模方法。本书体现了作者在 RNA 遗传算法及应用方面的部分研究工作。

本书可为人工智能、控制科学、电子信息、机械工程和计算机科学等专业相关的科研与技术人员提供参考，也可作为相关专业的高年级本科生、研究生学习智能优化算法的参考书。

图书在版编目（CIP）数据

智能优化算法：RNA 遗传算法 / 王宁等著. — 北京：科学出版社，2023.7
ISBN 978-7-03-076084-5

Ⅰ. ①智⋯　Ⅱ. ①王⋯　Ⅲ. ①最优化算法　Ⅳ.①O242.23

中国国家版本馆 CIP 数据核字（2023）第 142116 号

责任编辑：闫　悦 / 责任校对：胡小洁
责任印制：吴兆东 / 封面设计：蓝正设计

科学出版社 出版
北京东黄城根北街 16 号
邮政编码：100717
http://www.sciencep.com

北京富资园科技发展有限公司印刷
科学出版社发行　各地新华书店经销
*
2023 年 7 月第 一 版　开本：720×1000　1/16
2024 年 7 月第二次印刷　印张：8
字数：156 000

定价：88.00 元
（如有印装质量问题，我社负责调换）

前　　言

本书在理论与应用方面,系统地介绍了智能优化算法中的RNA遗传算法,系作者近年来在这方面部分研究成果的总结。本书共有8章,各章内容如下:第1章从遗传算法和进化算法入手,介绍了基本遗传算法、遗传算法的特点和遗传算法的研究进展等;第2章介绍了RNA遗传算法,包括RNA编码、RNA遗传操作算子,以及算法的收敛性,并通过对典型测试函数寻优分析了该算法的性能;第3章介绍了具有茎环操作的RNA遗传算法,包括相似剔除操作、RNA茎环操作,并通过对典型测试函数寻优分析了该算法的性能;第4章介绍了受蛋白质启发的RNA遗传算法,包括将RNA序列表示为氨基酸序列的编码和解码、RNA再编码操作、蛋白质互折叠操作、蛋白质自折叠操作,并通过对典型测试函数寻优分析了该算法的性能;第5章介绍了信息熵动态变异概率的RNA遗传算法,包括在执行RNA再编码操作、蛋白质互折叠操作、蛋白质自折叠操作后,算法根据信息熵动态变异概率执行变异操作,通过求解具有约束的测试函数优化问题分析了该算法的性能;第6章介绍了自适应策略的RNA遗传算法,包括遗传操作自适应策略、互补碱基变异算子,通过对典型测试函数寻优分析了该算法性能;第7章介绍了发夹交叉操作RNA遗传算法的桥式吊车支持向量机建模方法,包括发夹交叉操作算子设计,采用该算法建立桥式吊车的支持向量机摆角模型和支持向量机位置模型;第8章介绍了发夹变异操作RNA遗传算法的桥式吊车神经网络建模方法,包括发夹变异操作算子设计,采用该算法建立桥式吊车的神经网络摆角模型和神经网络位置模型。

本书的研究工作得到了国家科技支撑计划课题(2013BAF07B03)、国家自然科学基金项目(61573311,60874072)的资助。本书的第1章和第2章由陶吉利、王宁撰写,第3章至第5章由王康泰、王宁撰写,第6章由张丽、王宁撰写,第7章和第8章由朱笑花、王宁撰写,全书由王宁统稿完成。

南开大学的方勇纯教授、孙宁教授在本书撰写过程中给予了帮助，还有科学出版社的余丁先生、闫悦女士为本书的出版付出了辛勤劳动，作者在此表示衷心感谢。感谢王国平先生和易光荣女士长期以来给予的支持和帮助。

由于作者水平有限，书中难免存在不足之处，恳请读者批评指正。

作　者

2022 年 12 月

外文缩写对照列表

GA	genetic algorithm	遗传算法
SGA	standard genetic algorithm	标准遗传算法
CGA	canonical genetic algorithm	典型遗传算法
RNA	ribonucleic acid	核糖核酸
PSO	particle swarm optimization	粒子群优化算法
VEGA	vector evaluated genetic algorithm	向量评价遗传算法
NPGA	niched Pareto genetic algorithm	小生境 Pareto 遗传算法
MOGA	multi-objective genetic algorithm	多目标遗传算法
NSGA	nondominated sorting genetic algorithm	非支配排序遗传算法
PAES	Pareto archived evolution strategy	Pareto 存档进化策略
SPEA	strength Pareto evolution algorithm	强化 Pareto 进化算法
VLSI	very large scale integration circuit	超大规模集成电路
BP	back propagation	反向传播
RBF	radial basis function	径向基函数
DNA	deoxyribonucleic acid	脱氧核糖核酸
NP	Non-deterministic polynomial	非确定性多项式
DES	data encryption standard	数据加密标准
TSP	travelling salesman problem	旅行商问题
RNA-GA	RNA genetic algorithm	RNA 遗传算法
SGA	simple genetic algorithm	基本遗传算法
PCR	polymerase chain reaction	聚合酶链式反应
srRNA-GA	RNA genetic algorithm with stem-ring operation	茎环操作 RNA 遗传算法
SSGA	steady-state GA	稳态遗传算法
PfGA	parameter-free genetic algorithm	无参数遗传算法
PIRNA-GA	protein inspired RNA genetic algorithm	蛋白质启发的 RNA 遗传算法

IGA	improved GA	改进遗传算法
flh-aGA	adaptive genetic algorithm with fuzzy logic and heuristics	具有模糊逻辑和启发式的自适应遗传算法
stGA	saw-tooth GA	锯齿形遗传算法
atGA	auto-tuning GA	自整定遗传算法
edmpRNA-GA	RNA-GA with entropy based dynamic mutation probability	信息熵动态变异概率的 RNA 遗传算法
DGA	double helix based hybrid genetic algorithm	基于双螺旋的混合遗传算法
ARNA-GA	adaptive RNA genetic algorithm	自适应策略的 RNA 遗传算法
CB	complementary-base mutation operator	互补碱基变异算子
RB	rare-base mutation operator	稀有碱基变异算子
SD	standard deviations of the best objective function values	最佳目标函数值的标准偏差
FEP	fast evolutionary programming	快速进化规划
GSO	group search optimizer	组搜索优化器
LSSVM	squares support vector machine	最小二乘支持向量机
hcRNA-GA	RNA genetic algorithm with hairpin cross operation	发夹交叉操作 RNA 遗传算法
SVM	support vector machine	支持向量机
hmRNA-GA	RNA genetic algorithm with hairpin mutation operation	发夹变异操作 RNA 遗传算法

目　　录

第 1 章　绪　　论

自 20 世纪 40 年代电子计算机问世以来，机器能否思维一直是人们关注的问题，人工智能的研究经历了曲折的发展过程，作为其主要内容的智能优化算法成为学者和工程师们研究的热点。受生物分子特性和分子操作启发的 RNA 遗传算法是智能优化算法的重要分支。

1975 年，美国 Michigan 大学的 Holland 教授，基于达尔文的生物进化论和孟德尔的遗传变异理论，提出了遗传算法[1]（GA）。遗传算法在求解各种复杂优化问题上取得了令人鼓舞的结果[2,3]。自 1985 年在卡耐基·梅隆大学召开的第一届遗传算法国际会议（International Conference on Genetic Algorithms）到 1997 年 *IEEE Transactions on Evolutionary Computation* 创刊，遗传算法作为一类高性能的智能优化算法渐趋成熟。1989 年，Goldberg 出版了遗传算法领域的一部重要著作 *Genetic Algorithms in Search，Optimization and Machine Learning*[4]。Michalewicz 则在其著作 *Genetic Algorithms + Data Structures = Evolution Programs* 中详细介绍了一些实数遗传算子及其典型应用[5]。此后，遗传算法进入了蓬勃发展的时期。

然而，遗传算法并不总是优于专门处理某一领域问题的传统优化算法，围绕进一步改善或提高遗传算法的搜索效率、局部搜索能力以及克服早熟收敛等核心问题，仍需要进行深入的基础研究和理论创新。此外，遗传算法解的不确定性不能保证解的最优性和可行性。要解决复杂问题或难题需要开放性的计算体系和创造性的计算思想，融合 RNA 分子操作是遗传算法发展的一条独辟蹊径。

下面从基本理论、研究热点问题等方面对遗传算法的研究状况进行简要的回顾。

1.1　基本遗传算法

基本遗传算法的框架如图 1.1 所示。图中，待优化问题的每个变量都用长

度为 l 的二进制染色体串描述，搜索范围的下限对应于编码 0，而其上限对应于编码 $2^l - 1$。若包含 n 个变量，则由长度为 $L = n \times l$ 的二进制染色体串编码表示。通过对随机生成的染色体群体进行选择、交叉和变异操作使整个种群向着最优群体方向进化。

参数初始化，随机生成编码长度为 L 的初始群体 $P(0)$

计算个体的适应度值

While（不满足终止准则）

　　计算所有个体的适应度

　　选择 N 个个体作为交叉操作和变异操作的父本群体 $P(t)$

　　for　$i = 0$；$i < N/2$；$i++$

　　　　在 $P(t)$ 中选择两个父本

　　　　随机产生 r，$0 < r < 1$

　　　　if　$r > P_c$

　　　　　　将两个父本不加改变地保存到下一代群体 $P(t+1)$ 中

　　　　else

　　　　　　执行交叉操作，产生两个子代

　　　　　　按照变异概率 P_m 对两个子代执行变异操作

　　　　　　将其保存到 $P(t+1)$ 中

　　　　end

　　end

end

输出最优解

图 1.1　基本遗传算法框架

　　图 1.1 的基本遗传算法框架中包含了四个参数：交叉概率 P_c 和变异概率 P_m，以及群体规模 N 和编码长度 L。Schaffer 等建议的算法参数范围是[6]：$N \in [20, 200]$，$P_c \in [0.5, 1.0]$，$P_m \in [0, 0.05]$。图 1.1 描述的是基本遗传算法，称为 SGA 或 CGA。本书的研究工作是以基本遗传算法为基础展开的。

1.2　遗传算法的特点

　　遗传算法是进化计算中产生最早、影响最大、应用最广的一个重要的研究领域，它包含了进化算法的基本形式和几乎全部优点，如下所示。

(1)直接处理的对象是参数的编码集而不是问题参数本身,搜索过程既不受所求问题连续性的约束,也没有要求所求问题的导数必须存在。

(2)每一代对群体规模为 N 的个体进行操作,实际上处理了大约 $O(N^3)$ 个模式,具有很高的并行性,因而具有显著的搜索效率。

(3)在所求问题为非连续、多峰以及有噪声的情况下,能够以大概率收敛到最优解或满意解,因而具有很好的全局寻优能力。

(4)算法的基本思想简单,运行方式和实现步骤规范,便于使用。

但是,传统的遗传算法还存在如下有待进一步研究的问题。

(1)由于 GA 需要进行遗传操作,其最优解是群体进化的结果,算法需要的搜索时间较长,因而限制了 GA 在在线优化问题求解方面的应用。

(2)采用二进制编码的 GA,虽然编码和解码操作简单而且交叉、变异等遗传操作易于实现并可用模式定理进行理论分析;但是对连续函数的优化问题,其局部搜索能力较差。对多维、要求高精度的连续函数优化问题,如果个体编码串较短,则可能达不到精度要求;而个体编码串较长时,虽然能提高精度,但是会使算法的搜索空间急剧扩大,从而降低了遗传算法的性能。

(3)传统的遗传算法虽然具有较强的全局搜索能力,能较快地确定全局最优点的大概位置,但是其局部搜索能力较弱,进一步精确求解要耗费较长时间,而且当算法搜索到一定的程度后,所有解收敛到某一局部最优解,不能对搜索空间做进一步的探索。

(4)大多数的实际问题是具有约束条件和多目标的问题,求解具有约束的优化问题是遗传算法面临的一大挑战。能否处理好约束,是能否成功应用遗传算法的一个关键的问题。此外,多目标优化问题的求解也是当前的一个研究热点。

(5)相对遗传算法在应用方面取得的丰硕成就,其理论研究则显得薄弱。由于运行机理非常复杂,遗传算法的理论基础尤其是多目标遗传算法的理论研究还处在进一步的发展和完善过程中。

问题(1)是由遗传算法本身决定的,很难有本质上的改进,但是可通过遗传算法的设计减少寻优迭代次数或进化代数从而使总体的时间复杂度降低,如引入 RNA 编码和 RNA 分子操作等,提出 RNA 遗传算法;针对遗传算法的其他问题,已经有了许多改进方法及研究成果。下面将对遗传算法取得的成果进行简要介绍。本书是在前人工作的基础上,结合 DNA 计算、RNA 计算和生物分子操作,进行 RNA 遗传算法的研究。

1.3　遗传算法的研究进展

1.3.1　遗传算法的理论研究

虽然 GA 求解过程和形式简单，但是其运行机理非常复杂。随着 GA 在复杂优化问题求解和实际工程中的应用，人们对 GA 的理论基础给予了越来越多的关注，主要的研究成果如下。

(1)模式定理[1]：设 GA 的交叉和变异概率分别 P_c 和 P_m，模式 H 的定义距为 $\delta(H)$，阶为 $o(H)$，第 $t + 1$ 代种群含有 H 元素的个数期望值记为 $E[H \bigcap P(t+1)]$，则 $E[H \bigcap P(T+1)] \geq |H \bigcap P(t)| \dfrac{f(H,t)}{\overline{f}(t)}\left[1 - P_c \dfrac{\delta(H)}{l-1} - o(H)P_m\right]$。

该定理说明那些低阶、短定义距、超过群体平均适应度的模式的数量将随迭代次数的增加而以指数级增长。Holland 用其与隐并行性原理来解释 GA 的作用，是从进化动力学的角度提供了能较好地解释遗传算法机理的一种数学工具，同时也是编码策略、遗传策略等分析的基础。

(2)积木块假设[7]：通过选择、交叉、变异等遗传操作算子的作用，个体的基因链能够相互拼接在一起，形成适应度更高的个体编码串。积木块假设阐述了用遗传算法求解各类问题的基本思想，即通过基因块之间的相互拼接能够产生出问题更好的解。

基于模式定理和积木块假设，使得人们能够在很多应用问题中广泛地使用遗传算法。但是一些研究者们后来相继发现了模式定理、隐并行性原理的不足和不严格之处，而积木块假说又没有给予过证明，遗传算法早期的收敛性理论是不完善的。

(3)遗传算法的新模型。

为了弄清楚遗传算法的机理，近些年来人们建立了各种形式的新模型，如马氏链模型、公理化模型[8]、积分算子模型以及鞅论[9]，其中最为典型的是马氏链模型。遗传算法的马氏链模型主要有三种：种群马氏链模型[10]、Vose 模型[11]和 Cerf 扰动马氏链模型[12]。

种群马氏链模型将遗传算法的种群迭代序列视为一个有限状态马氏链来加以研究，运用模型转移概率矩阵的某些性质来分析遗传算法的极限行为。Vose模型是在无限种群假设下，利用相对频率导出表示种群概率向量的迭代方程，通过对这一迭代方程的研究，可以讨论种群概率的不动点及其稳定性，从而得出对遗传算法的极限行为的刻画，但是对解释有限种群遗传算法行为的能力相对差一些。Cerf 扰动马氏链模型将遗传算法看成一种特殊形式的广义模拟退火模型，并利用动力学系统的随机扰动理论对遗传算法的极限行为及收敛速度进行了研究。

从近期有关遗传算法的收敛性和收敛速度估计的研究结果[13]来看，无论遗传算法的某一特定实现，还是在某一较弱的意义下讨论算法的收敛性，以及在某一特定度量下研究算法的收敛速度，都具有一定的局限性。遗传算法的基础理论还处在进一步的发展和完善过程当中。利用马氏链模型进行遗传算法收敛性分析时，因转移概率的具体形式难以表达，妨碍了对遗传算法的有限时间行为的研究。然而，从随机过程和数理统计角度探讨遗传算法的一般规律，有助于较好地把握遗传算法的特性，以提高求解效率和改善求解效果。

1.3.2　遗传算法的编码问题

编码是遗传算法要解决的首要问题，为克服二进制编码存在的缺陷以及其海明悬崖问题，例如，15 和 16 的二进制表示为 01111 和 10000，算法从 15 变到 16 必须改变所有的位。为此，研究者们对遗传算法的编码进行了研究，采用了如下的编码。

(1)格雷编码[14]：它是二进制编码方法的一种变形，其连续的两个整数所对应的编码值之间仅有一个码位是不同的，并且任意两个整数的差是所对应的格雷码之间的海明距离，它克服了二进制编码的海明悬崖问题，提高了遗传算法的局部搜索能力。

(2)实数编码[15]：对于一些多维、精度要求高的连续函数优化问题，使用二进制编码来表示个体将会带来一些不利因素，例如，二进制编码存在着连续函数离散化时的映射误差，而且不便于反映所求问题的特定知识。为了克服这些缺点，人们提出了实数编码方法，即个体的每个基因值用实数表示，降低了遗传算法的计算复杂性，提高了运算效率。

(3)符号编码[16]：是指染色体编码串中的基因值取自一个无数值含义、只有代码含义的符号集，这些符号可以是字符，也可以是数字。符号编码的主要优点是便于在遗传算法中利用所求问题的专门知识及相关算法。

此外还有十进制编码、多值编码、动态参数编码、Delta 编码、混合编码、RNA 编码、DNA 编码、氨基酸编码等多种编码形式，这些编码形式各有优缺点。

1.3.3　求解约束问题的遗传算法

求解具有约束的优化问题对遗传算法来说是一种挑战，与处理无约束优化问题的大量文献相比，用 GA 求解约束优化问题的文献比较少。目前尚无 GA 专属的约束处理方法，用于 GA 处理约束的方法分为以下 4 类。

（1）罚函数法。

罚函数法是最常见的一种约束处理方法，尤其是针对不等式约束。该方法最早由 Courant 提出[17]，并有不少研究者进行了扩充和改进，出现了各种罚函数法。静态罚函数法指罚参数在遗传算法的整个进化过程中保持不变[18]，其不足是罚参数的选择缺乏通用性，需根据特定的问题来确定。动态罚函数法[19]与静态罚函数法相比，具有更好的寻优性能，然而，实际上很难设计较好的动态罚函数，而静态罚函数法存在的问题在动态罚函数法中同样存在。自适应罚函数法[20]中的罚函数取决于搜索过程的反馈信息，该方法需要事先定义一些参数值，并限定罚参数的变化范围，以避免罚参数的跳变。为避免罚参数的经验整定，又有学者提出了一些方法选择罚参数来有效处理约束问题。

（2）特定的编码和操作算子。

由于传统二进制编码存在缺陷，一些学者针对特定的具有约束的优化问题，提出了特定的编码策略。由于编码的改变，需要设计特定的操作算子以适合于求解优化问题。编码改变的目的在于简化搜索空间形态，以及利用特定的操作算子来保证解的可行性[21]。这种约束处理方法主要用于可行解很难获取的具有约束的优化问题，虽然对特定的问题可以获得较好的效果，但是这种方法的推广性不强。

（3）修复法。

修复法是通过某种程序修复进化过程所出现的不可行染色体，使其变为可行的染色体[22]。该方法多见于求解组合优化问题，其原因在于求解组合优化问题时修复程序相对容易产生。修复法的优点是对个体编码、遗传算子等没有其他的附加要求，并可期望遗传搜索能够从可行解和不可行解的两侧最终趋近最优解。修复法的缺点是对问题本身有依赖性，以扩大搜索空间为代价。但是对于某些问题，修复过程甚至比原问题的求解更复杂[23]。

（4）目标和约束分离法。

采用目标和约束进行分离的方法有很多种，例如，协作进化方法使用两个种群进行约束和适应度函数值的同时进化，并保留同属于两个种群的个体[24]。

该方法类似于自适应罚函数法，可获得令人满意的结果。然而，采用历史纪录计算个体的适应度值可能使进化"停滞"。Powell 等[25]和 Deb 等[26]分别将启发式规则引入适应度函数值的计算，实现可行解和不可行解的分离，使可行解始终优于不可行解。Deb 的方法无须进行罚参数的选择，但是该方法在种群多样性保持方面存在一定的缺陷，当可行域在整个搜索空间所占比例过小时，采用 Deb 的方法可能会失效。多目标优化算法则通过重新定义各目标函数，将具有约束的优化问题转化为多目标优化问题[27]。虽然该方法对参数设置不敏感，但是其优化结果并不比采用罚函数得到的结果更好。

1.3.4 混合遗传算法

由于遗传算法的结构是开放的而且与问题无关的，因此很容易和其他算法相结合。遗传算法与其他算法的混合研究目前主要是实验性的，还没有形成理论体系[28]。一般是与其他优化方法相结合，或与具有较强局部搜索能力的传统优化算法相结合，如最速下降法、拟牛顿法、单纯形法、模式搜索法、序列二次规划等[29]。目前已有不少文献报道了遗传算法与这些算法的结合，收到了较好的效果[30-33]，但是这类方法会引入另外一些参数。

遗传算法与其他优化算法相结合是研究的热点[34]。例如，遗传算法与免疫系统方法[35]相结合，无须进行适应度函数的评估，可降低计算复杂性，然而当初始种群不存在可行解时，尚不清楚该算法性能如何以及是否适用于非二进制编码形式。遗传算法与蚁群算法[36]相结合的不足在于算法运行需要额外的参数以及提供避免蚁群路径相同的模型，并需要在局部最优和全局最优之间寻找合适的平衡点。文献[37]提出了一种粒子群算法与遗传算法的混合方法用于优化神经网络的拓扑结构。文献[38]展示了一种遗传算法和粒子群优化（PSO）相结合的混合方法，用于求解多模态函数的全局优化问题。文献[39]提出了一种灰狼优化器与遗传算法的混合优化算法。文献[40]介绍了一种求解多重阈值问题的引力搜索算法与遗传算法的混合算法。采用混合方法也可能会牺牲 GA 的通用性，但是有不少的混合方法既利用了特定知识，又保持了通用性，混合方法是改善遗传算法性能的一个有效途径。

1.3.5 融合分子操作的遗传算法

传统的遗传算法由于局限于设计简单或单一的遗传操作，既不能反映生物的遗传信息表达机制，又难以克服自身的不足。生物分子有着丰富的基因表达和遗传操作方式，自然人们会想到受生物分子特性和分子操作的启发来设计遗传操作。融合分子操作的遗传算法包括 DNA 遗传算法和本书研究的 RNA 遗传算法。

1.3.6　多目标遗传算法

进化计算在多目标优化问题求解中的应用最早始于 20 世纪 70 年代，并逐渐得到了研究者们的关注[41-42]。针对多目标优化问题，遗传算法由最初把多个目标函数表示成单目标函数进行求解，发展为在一次算法过程中找到 Pareto 最优集中的多个解。常见的几种基于遗传算法的多目标优化方法如下。

(1) 聚合函数法。

将多个目标函数表示成一个单目标函数作为遗传算法的适应函数，这种转化过程为聚合过程[43]。加权法是其中最常见的一种方法，采用该方法的好处在于不用对遗传算法做任何改动即可使用已有的遗传算法成果进行问题求解。但是这种方法的优化结果与权重的选择有关，当缺乏有关优化问题的信息时，权重很难确定而且不适用于求解凹形 Pareto 前沿的优化问题。

(2) 向量评价遗传算法。

向量评价遗传算法(VEGA)主要对遗传算法中的选择算子做了改进[44]，在进化过程中，子种群的产生是根据每一个目标函数分别进行选择。对于有 k 个目标函数，种群大小为 N 的问题，每一次进化产生 k 个大小为 N/k 的子种群。将 k 个子种群合成一个大小为 N 的新种群，再进行交叉和变异操作产生下一代。每个子种群只根据单个目标函数产生，而不考虑其他目标函数。因此 VEGA 得到的解是局部非劣的，但是不一定是全局非劣的，即不同子群体中的个体仅在子种群范围内对某一单个目标进行优化。这就可能使得中间性能的个体由于其在单个目标评价中不是最优的，在子群体的选择中被淘汰。

(3) 小生境 Pareto 遗传算法。

小生境 Pareto 遗传算法(NPGA)将遗传算法的选择算子改进为基于 Pareto 优劣的比武选择策略[45]。与传统的遗传算法只比较两个个体的方式不同，该方法使多个个体参与竞争。当两个参与竞争者都是非劣的或者劣的，比较结果根据目标域内的适应度值共享来决定。由于 NPGA 只需将 Pareto 值用于种群的一部分，具有较快的计算速度，但是其种群数目较多，而且除了共享因子外，还需要一个参数来表示参与比较的个体数量。

(4) 多目标遗传算法。

多目标遗传算法(MOGA)采用一种基于等级的适应度指派策略[46]，种群中每个个体的等级根据其所优于的其他个体的数量来确定。所有非劣个体的等级为 1，而其他个体的等级为 1 加上当前代中被支配个体数。采用适应度共享[47]和配对限制技术[48]以使其在一定程度上保证种群在 Pareto 最优区域的均匀分布，避免种群过早收敛。MOGA 在解决多目标优化问题时(特别在控制系统设计领域)，具有很好的性能。但是同其他基于 Pareto 的分级方法一样，该算法的性能依赖于共享因子的精准选择。

(5)非支配排序遗传算法。

非支配排序遗传算法(NSGA)采用分级选择方法来突出好的个体，以及用小生境方法来维持优秀个体子种群的稳定，与 MOGA 相比，NSGA 方法的总体性能和计算复杂度都不如 MOGA 方法，而且 NSGA 对共享因子更加敏感。Deb 等对 NSGA 方法进行了改进[49]，称为 NSGA-II，该方法使用了精英保留以及拥挤距离评价策略，克服了上述缺点，并使计算复杂度从原来的 $O(MN^3)$ 减少到 $O(MN^2)$，其中，M 代表目标数量，N 代表种群的大小。实验结果表明 NSGA-II 的结果优于其他几种有代表性的 MOGA 算法[49]，并在多目标求解问题上取得了成功[50,51]。然而在维持种群多样性方面，NSGA-II 还有待进一步的提高[52]，NSGA 已经发展到 NSGA-Ⅲ，学者们提出了多种改进的 NSGA-Ⅲ[53]。

(6)Pareto 存档进化策略。

Pareto 存档进化策略(PAES)方法将局部搜索引入到多目标优化中，有效减少了计算的复杂度。该算法在进化过程中仅使用变异算子，产生的新个体被限制在一个局部范围内，但是该方法丧失了基于群方法的一些优点。由此，Knowles 等在此基础上将群体优势结合到局部搜索中，提出了一种简单的 PAES 算法，并在一定范围内进行交叉操作[54]。

(7)强化 Pareto 进化算法。

强化 Pareto 进化算法(SPEA)是在综合上述几种多目标进化优化算法的基础上发展起来的，它用一个外部非劣集合保存每一次迭代过程找到的非劣解。在外部非劣集中，第 i 个个体的强度是一个[0, 1]之间的实数，外部非劣集中的个体适应值就等于其强度值，而对于当前种群中的个体，其适应值等于外部非劣集中所有优于该个体的强度值之和。与此同时，外部非劣集中的个体同样参与竞争，采用了基于 Pareto 的小生境方法，不需要距离参数[55]。Zitzler 等对 SPEA 做了改进，提出了 SPEA2 算法，该算法使用了细粒度赋值策略并融合了个体的密度信息[56]。

1.4　遗传算法的系统建模

科学研究和工程实际都面临着处理大量复杂的优化问题，因此遗传算法的应用研究已经渗透到各个学科和领域，可用图 1.2 直观表示。

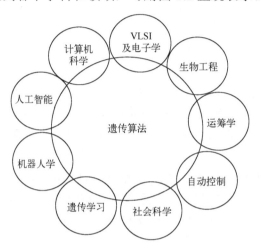

图 1.2　遗传算法与相关学科的交叉关系

在自动控制领域中，同样存在很多与优化相关的问题，遗传算法在该领域的应用日益增加并显示了良好的效果，其中的系统建模问题包括以下两个方面。

（1）参数建模。

参数建模包括模型结构的选择和模型参数的辨识。用遗传算法进行参数建模问题求解，不仅适应面广、计算稳定、辨识精度高，而且可以同时确定模型结构和参数。例如，对于线性模型，可以同时获得系统的阶次、时滞及其参数值，通过将模型结构和参数组成染色体串，并把拟合误差转换成相应的适应度值，参数建模问题就可转化成遗传算法求解的优化问题。利用遗传算法进行非线性系统的建模与线性系统时的情形相似，只不过非线性系统没有统一的表达式，建模时需事先确定采用哪一类模型。

（2）非参数建模。

参数建模的不足是必须依据对象或过程机理确定合适的模型结构和参数，这类方法很难实现高精度建模。

　　由于人工神经网络的万能逼近特性，它在非线性系统建模方面有很多成功例子。但是选定神经网络模型后，如何确定神经网络结构和参数，目前还缺乏理论依据。将遗传算法与神经网络巧妙地融合在一起，是遗传算法又一个活跃的研究方向。传统优化方法的局限性限制了其使用范围，包括遗传算法的进化计算方法具有强大的全局寻优能力因而受到广泛关注。GA 是其中研究最广泛、应用最成功的进化算法，在多种神经网络的结构和参数优化中得到了成功应用，如 BP 网络、RBF 网络、递归网络、模糊神经网络等。Esposito 等[57]将 GA 用于 RBF 神经网络的输出层权值的优化。Vesin 等[58]将 GA 用于求解神经网络结构和权值的复杂优化问题。Tao 等[59]提出了一种基于剪接系统的遗传算法来优化 RBF 神经网络，用于连续搅拌釜反应器建模。GA 算法易于实现，但是优化 RBF 网络时存在一个突出的缺点：基函数中心点在输入样本集中选取，这在许多情况下难以反映出系统真正的输入输出关系，而且初始中心点数太多。Sarimveis 等[60]基于模型输出误差最小化原则，将 GA 用于同时优化 RBF 网络的结构和基函数中心点，但是在优化过程中会出现数据病态现象。采用 GA 进行神经网络优化的文献不少，主要集中在网络结构和连接权值的优化设计。

　　能用于非参数建模的还有支持向量机、模糊系统，研究者们采用遗传算法进行了支持向量机、模糊系统参数的优化确定。在需要处理的问题越来越复杂化的今天，智能优化算法也应与时俱进，通过不同的方式对算法的结构、参数设置、搜索策略不断改进，才能设计出高效的智能优化算法，以满足科学与工程各个领域的发展需求。

1.5　本书的主要内容

　　本书专注于 RNA 遗传算法及其应用的研究，主要内容简介如下。

　　第 1 章为绪论。第 2 章提出了 RNA 遗传算法，该算法利用 RNA 分子碱基 A、T、U、C 进行编码，设计了 RNA 编码的交叉算子和变异算子；对 RNA-GA 算法进行了收敛性分析；通过对典型测试函数的寻优，验证了 RNA-GA 算法的优越性和有效性。第 3 章提出了具有茎环操作的 RNA 遗传算法，构建了一种将目标函数值与欧几里得空间距离结合的个体相似度评价函数，设计了 RNA 茎环操作算子，通过对典型测试函数寻优，验证了该算法的有效性。第 4 章提出了受蛋白质启发的 RNA 遗传算法，该算法把 RNA 序列表示为氨基酸链，受蛋白质分子启发，设计了 RNA 再编辑和蛋白质互折叠交叉操作、蛋白质自折叠变异操作，通过对典型测试函数寻优，验证了该算法的有效性。第 5 章提出了信息熵动态变异概率的 RNA 遗传算法，该算法采用了蛋白质互折叠交叉操作和自折叠变异操作，设置了一种基于信息熵的动态变异概率，通过对典型测试函数寻优，验证了该算法的有效性。第 6 章提出了自适应策略的 RNA 遗传算法，该算法采用了所提出的个体差异度函数的遗传操作自适应策略，设计了互补碱基变异算子，通过对典型测试函数寻优，验证了该算法的有效性。第 7 章提出了发夹交叉操作 RNA 遗传算法，设计了发夹交叉操作算子，将该算法用于建立桥式吊车支持向量机模型，仿真实验结果验证了该算法的有效性。第 8 章提出了发夹变异操作 RNA 遗传算法，设计了发夹变异操作算子，将该算法用于建立桥式吊车 RBF 神经网络模型，仿真实验结果验证了该算法的有效性。

参 考 文 献

[1] Holland J H. Adaptation in Natural and Artificial Systems [M]. Ann Arbor: The University of Michigan Press, 1975.

[2] 陈国良, 王熙法, 庄镇泉, 等. 遗传算法及其应用[M]. 北京: 人民邮电出版社, 1996.

[3] 席裕庚, 柴天佑, 恽为民. 遗传算法综述[J]. 控制理论与应用, 1996, 13 (6): 697-708.

[4] Goldberg D E. Genetic Algorithms in Search, Optimization and Machine Learning[M]. Boston: Addison Wesley Longman Publishing, 1989.

[5] Michalewicz Z. Genetic Algorithms+Data Structures=Evolution Programs[M]. 3rd edition. New York: Springer-Verlag, 1996.

[6] Schaffer J D, Caruana R, Eshelman L J, et al. A study of control parameters affecting online performance of genetic algorithms for function optimization[C]// Proceedings of the Third International Conference on Genetic Algorithms, 1989: 51-60.

[7] 李敏强, 寇纪淞, 林丹, 等. 遗传算法的基本理论与应用[M]. 北京: 科学出版社, 2002.

[8] 张文修, 梁怡. 遗传算法的数学基础[M]. 西安: 西安交通大学出版社, 2000.

[9] 徐宗本, 聂赞坎, 张文修. 遗传算法的几乎必然强收敛性——鞅方法[J]. 计算机学报, 2002, 25 (8): 786-793.

[10] Suzuki J. A Markov chain analysis on simple genetic algorithms[J]. IEEE Transactions on Systems, Man and Cybernetics, 1995, 25 (4): 655-659.

[11] 周明, 孙树栋. 遗传算法原理及应用[M]. 北京: 国防工业出版社, 2000.

[12] Catoni O, Cerf R. The exit path of a Markov chain with rare transitions[J]. ESAIM: Probability & Statistics, 1997, 1: 95-144.

[13] 徐宗本, 陈志平, 章祥荪. 遗传算法基础理论研究的新近发展[J]. 数学进展, 2000,

29(2): 98-113.

[14] Chakraborty U K, Janikow C Z. An analysis of gray versus binary encoding in genetic search [J]. Information Sciences, 2003, 156(3/4): 253-269.

[15] Ono I, Kobayashi S. A real-coded genetic algorithm for function optimization using unimodal normal distribution crossover[C]// Proceedings of the 7th International Conference on Genetic Algorithms, 1997: 246-253.

[16] Jian H Z, Nee A Y C, Fuh J Y H, et al. A modified genetic algorithm for distributed scheduling problems[J]. Journal of Intelligent Manufacturing, 2003, 14(3/4): 351-362.

[17] Courant R. Variational methods for the solution of problems of equilibrium and vibrations[J]. Bulletin of the American Mathematical Society, 1943, 49(1): 1-23.

[18] Richardson J T , Palmer M R , Liepins G E , et al. Some guidelines for genetic algorithms with penalty functions[C]// Proceedings of the 3rd International Conference on Genetic Algorithms, George Mason University, Morgan Kaufmann, Reading, MA, 1989: 191-197.

[19] Kazarlis S, Petridis V. Varying fitness functions in genetic algorithms: Studying the rate of increase of the dynamic penalty terms[C]// International Conference on Parallel Problem Solving from Nature, Berlin: Springer, 1998, 1498: 211-220.

[20] Smith A E, Tate D M. Genetic optimization using a penalty function[C]// Proceedings of the Fifth International Conference on Genetic Algorithms, University of Illinois at Urbana-Champaign, Morgan Kaufmann, San Mateo, CA, July, 1993, 499-505.

[21] Davis L. Handbook of Genetic Algorithms[M]. New York: Van Nostrand Reinhold, 1991.

[22] Michalewicz Z, Janikow C Z. Handling constraints in genetic algorithms[C]// Proceedings of the Fourth International Conference on Genetic Algorithms, Morgan Kaufmann, San Mateo, CA, 1991, 151-157.

[23] Gen M, Cheng R. Genetic Algorithms and Engineering Optimization[M]. New York: Wiley Interscience, 2000.

[24] Paredis J. Co-evolutionary constraint satisfaction[C]// Proceedings of the 3rd Conference on Parallel Problem Solving from Nature, New York: Springer, 1994: 46-55.

[25] Powell D, Skolnick M M. Using genetic algorithms in engineering design optimization with non-linear constraints[C]// Proceedings of the Fifth International Conference on Genetic Algorithms, University of Illinois at Urbana-Champaign, Morgan Kaufmann, San Mateo, CA, July, 1993: 424-431.

[26] Michalewicz Z, Deb K, Schmidt M, et al. Evolutionary Algorithms for Engineering Applications, Evolutionary Algorithms in Engineering and Computer Science[M]. Chichester:

Wiley, 1999: 73-94.

[27] Parmee I C, Purchase G. The development of a directed genetic search technique for heavily constrained design spaces[C]// Adaptive Computing in Engineering Design and Control, University of Plymouth, Plymouth, UK, 1994: 97-102.

[28] Lobo F G, Goldberg D E. Decision making in a hybrid genetic algorithm[C]// Proceedings of the 1997 IEEE International Conference on Evolutionary Computation, New York: IEEE Press, 1997: 121-125.

[29] 陈宝林. 最优化理论与算法[M]. 北京: 清华大学出版社, 1989.

[30] 韦凌云, 柴跃廷, 赵玫. 不等式约束的非线性规划混合遗传算法[J]. 计算机工程与应用, 2006, 22(42): 46-65.

[31] 谢巍, 方康玲. 一种求解不可微非线性函数的全局解的混合遗传算法[J]. 控制理论与应用, 2000, 17(2): 180-183.

[32] Salomon R. Evolutionary algorithms and gradient search: Similarities and differences[J]. IEEE Transactions on Evolutionary Computation, 1998, 2(2): 45-55.

[33] Adeli H, Cheng N T. Augmented Lagrangian genetic algorithm for structural optimization[J]. Journal of Aerospace Engineering, 1994, 7(1): 104-118.

[34] Belur S V. CORE: Constrained optimization by random evolution[C]// Late Breaking Papers at the Genetic Programming 1997 Conference, Stanford Bookstore, Stanford University, CA, July, 1997: 280-286.

[35] Hajela P, Lee J. Constrained genetic search via schema adaptation, An immune network solution[C]// Proceedings of the First World Congress of Structural and Multidisciplinary Optimization, Pergamon, Goslar, Germany, 1995: 915-920.

[36] Bilchev G, Parmee I C. The ant colony metaphor for searching continuous design spaces[C]// Evolutionary Computing, Springer, Sheffield, UK, April, 1995, 993: 25-39.

[37] Marjani A, Shirazian S, Asadollahzadeh M. Topology optimization of neural networks based on a coupled genetic algorithm and particle swarm optimization techniques (c-GA-PSO-NN)[J]. Neural Computing & Applications, 2018, 29(11): 1073-1076.

[38] Kao Y T, Zahara E. A hybrid genetic algorithm and particle swarm optimization for multimodal functions[J]. Applied Soft Computing, 2008, 8(2): 849-857.

[39] Tawhid M A, Ali A F. A Hybrid grey wolf optimizer and genetic algorithm for minimizing potential energy function[J]. Memetic Computing, 2017, 9(4): 347-359.

[40] Sun G Y, Zhang A Z, Wang Z J. A novel hybrid algorithm of gravitational search algorithm with genetic algorithm for multi-level thresholding[J]. Applied Soft Computing, 2016, 46:

703-730.

[41] Zitzler E, Thiele L. Multiobjective evolutionary algorithms: A comparative case study and the strength Pareto approach[J]. IEEE Transactions on Evolutionary Computation, 1999, 3(4): 257-271.

[42] Tan K C, Khor E F, Lee T H. Multiobjective Evolutionary Algorithms and Applications[M]. London: Springer-Verlag, 2005.

[43] Das I, Dennis J E. A closer look at drawbacks of minimizing weighted sums of objectives for Pareto set generation in multicriteria optimization problems[J]. Structural Optimization, 1997, 14(1): 63-69.

[44] Schaffer J D. Multiple objective optimization with vector evaluated genetic algorithms[C]// Proceedings of the 1st International Conference on Genetic Algorithms, 1985: 93-100.

[45] Horn J, Nafpliotis N, Goldberg D E. A niched Pareto genetic algorithm for multi-objective optimization[C]// Proceedings of the 1st IEEE Conference on Evolutionary Computation, 1994: 82-87.

[46] Deb K, Kalyanmoy D. Multi-Objective Optimization Using Evolutionary Algorithms[M]. London: John Wiley & Sons Ltd., 2001.

[47] Goldberg D E, Richardson J. Genetic algorithms with sharing for multimodal function optimization[C]// Proceedings of the 2nd International Conference on Genetic Algorithms, 1987: 41-49.

[48] Deb K, Goldberg D E. An investigation of niche and species formation in genetic function optimization[C]//Proceedings of the 3rd International Conference on Genetic algorithms, 1989: 42-50.

[49] Deb K, Pratap A, Agarwal S, et al. A fast and elitist multiobjective genetic algorithm: NSGA-II[J]. IEEE Transactions on Evolutionary Computation, 2002, 6(2): 182-197.

[50] Favuzza S, Ippolito M G, Sanseverino E R. Crowded comparison operators for constraints handling in NSGA-II for optimal design of the compensation system in electrical distribution networks[J]. Advanced Engineering Informatics, 2006, 20(2): 201-211.

[51] Majumdar S, Mitra K, Raha S. Optimized species growth in epoxy polymerization with real-coded NSGA-II[J]. Polymer, 2005, 46(25): 11858-11869.

[52] Guria C, Verma M, Mehrotra S P, et al. Multi-objective optimal synthesis and design of froth flotation circuits for mineral processing using the jumping gene adaptation of genetic algorithm[J]. Industrial and Engineering Chemistry Research, 2005, 44(8): 2621-2633.

[53] Zhu Y Y, Liang J W, Chen J Y, et al. An improved NSGA-Ⅲ algorithm for feature

selection used in intrusion detection[J]. Knowledge-Based Systems, 2017, 116: 74-85.

[54] Knowles J D, Corne D W. Approximating the nondominated front using the Pareto archived evolution strategy[J]. Evolutionary Computation, 2000, 8 (2): 149-172.

[55] Zitzler E, Deb K, Thiele L. Comparison of multiobjective evolutionary algorithms: Empirical results[J]. Evolutionary Computation, 2000, 8 (2):173-195.

[56] Zitzler E, Laumanns M, Thiele L. SPEA2: Improving the Strength Pareto Evolutionary Algorithm[R]. Zurich: TIK Report, 2001.

[57] Esposito A, Marinaro M, Oricchio D, et al. Approximation of continuous and discontinuous mappings by a growing neural RBF-based algorithm[J]. Neural Networks, 2000, 13 (6): 651-665.

[58] Vesin J M, Grüter R. Model selection using a simplex reproduction genetic algorithm[J]. Signal Processing, 1999, 78 (3): 321-327.

[59] Tao J L, Wang N. Splicing system based genetic algorithms for developing RBF networks models[J]. Chinese Journal of Chemical Engineering, 2007, 15 (2): 240-246.

[60] Sarimveis H, Alexandridis A, Mazarakis S, et al. A new algorithm for developing dynamic radial basis function neural network models based on genetic algorithms[J]. Computers & Chemical Engineering, 2004, 28 (1/2): 209-217.

第 2 章　RNA 遗传算法

2.1　引　　言

自 1994 年 Adleman 博士在《科学》杂志上发表了关于 DNA 分子计算的文章以来[1]，DNA 计算迅速成为一个受到关注的崭新的研究领域。目前，DNA 计算已经可以解决众多的 NP 难题，如最大集团问题[2]、可满足性问题[3]、DES 解密问题[4]，TSP 问题[5]等。由于基于 Adleman 方法的 DNA 计算本质上为枚举方法或暴力法，因此求解最优解的难点并不是 DNA 计算能否得到最优解，而是在 DNA 计算过程中产生的大量其他解可能淹没最优解。为了克服暴力方法的缺陷，同时使得 DNA 操作可在现有的数字计算机上执行，学者们提出了各种改进的 DNA 计算方法和电子 DNA 算法[6-9]。然而 DNA 电子模拟软件只是对 DNA 生物操作的简单模仿，它没有克服 DNA 暴力法的局限性，并丧失了 DNA 计算的并行性，虽然可以用电子计算机模拟某些 DNA 计算的结果，但是仍然无法解决工程实际的复杂问题。基于遗传算法的 DNA 计算也限于目前的生化操作水平，只能解决 Toytype 类问题[10]。然而 DNA 计算展示了生物分子计算独特的魅力[11]。

遗传算法(GA)最早由 Holland 于 1975 年提出[12]，与 DNA 计算在算法思想上存在相似之处，并且在很多领域取得了广泛应用。但是仍存在下列问题，如算法搜索效率低、局部寻优能力弱、易于早熟收敛等。由于 DNA 是重要的基因物质，携带着丰富的遗传信息，因此促进了遗传算法进一步模拟生物的遗传机理和基因调控机理。然而 DNA 双链结构不适合直接与遗传算法的染色体相结合。

近年来 RNA 计算在 DNA 计算的基础上获得了长足的发展。Cukras 等提出了 RNA 计算理论，并仅采用生物分子和酶就解决了 Knight 棋盘问题[13]。Lipton 等则建议用 RNA 代替 DNA 计算[14]。Li 等总结了关于 RNA 序列的所有可能操作，包括延长、删除、缺失、插入、转化、转移及置换等操作[15]。基于 DNA 计算的 RNA 模型，以 DNA 为模板，根据互补配对原则，把 DNA 上携带的遗传信息传给 RNA。RNA 独特的单链结构和对基因信息腺嘌呤(A)，鸟嘌呤(G)，胞嘧啶(C)和尿嘧啶(U)的垂直继承，使得基于 DNA 计算的 RNA 和遗传算法相结合成为可能。

随着基因工程的发展，近年来遗传过程成为很多学术机构的研究课题。Neuhauser 等基于大量单倍体群体的随机选择和变异过程，研究了包含 DNA 序列模型在内的几种模型[16]。受 DNA 序列选择变异模型的启发，并结合 RNA 单链分子操作，本章提出了一种 RNA 遗传算法(RNA-GA)[17]，并基于 Markov 链模型对其进行了收敛性分析。由于引入了基于 RNA 分子计算的交叉操作以及基于 DNA 序列模型的变异操作，RNA-GA 可以有效提高种群的多样性，典型测试函数的寻优结果验证了 RNA-GA 算法的有效性。

2.2　RNA-GA

2.2.1　RNA 编码和解码

RNA 序列的解空间为 $E=\{A, U, G, C\}^L$，即 RNA 序列采用 A、U、G、C 四个字母来对长度为 L，并由胞嘧啶、尿嘧啶、腺嘌呤和鸟嘌呤四种碱基组成的 RNA 序列进行编码。这种编码不能被电子计算机直接处理。当用 0(00)，1(01)，2(10)，3(11)四个数字对 RNA 的四种碱基 C、U、A、G 进行编码时，共有 $P_4^4 = 24$ 种可能的编码组合，在这些编码组合中，按碱基分子量大小排列的编码格式：0123/CUAG 是最优的编码格式[15]。在碱基的二进制数字编码中，为便于数学和逻辑操作，首位被定义为结构编码位。当首位为 1 时编码嘌呤碱基，如 10 为腺嘌呤 A、11 为鸟嘌呤 G；当首位为 0 时，则编码嘧啶碱基。而末位数字被定义为功能编码位，如 00 为胞嘧啶 C、01 为尿嘧啶 U。互补碱基对的数字编码亦呈互补关系，如 C 和 G 碱基对是 0(00)与 3(11)的互补结合，共有 3 条氢键属于强氢键结合。而 U 与 A 碱基对是 1(01)与 2(10)的互补结合，共有 2 条氢键属于弱氢键结合。综合以上分析，可定义如下对应关系：0123/CUAG。

RNA 序列的解码详见后面的 3.2.1 节。

2.2.2　RNA 序列基本操作算子

文献[15]总结了关于 RNA 序列的操作算子，包括延长算子、删除算子、缺失算子、插入算子、转位算子、换位算子和置换算子。由于基本遗传算法（SGA）包含选择、交叉和变异三种遗传操作算子，其染色体长度在算子作用下保持不变。本章未引入改变染色体长度的操作算子，如延长、删除操作等。用于 RNA-GA 的操作算子如下所示。

对单个 RNA 序列进行操作时，主要有转位运算，换位运算和置换运算三种操作。

（1）转位算子：将 RNA 序列中的一个子序列，转移至新的位置。设原来 RNA 序列 $R = R_5 R_4 R_3 R_2 R_1$，转位后新的序列为 $R' = R_5 R_2 R_4 R_3 R_1$。

（2）换位算子：将 RNA 序列中的两个或两段子序列互相交换位置。设 RNA 序列为 $R = R_5 R_4 R_3 R_2 R_1$，交换子序列 R_4 与 R_2 的位置，可得新的 RNA 序列为 $R' = R_5 R_2 R_3 R_4 R_1$。

（3）置换算子：RNA 序列中的一个子序列被另一个子序列所替换。设 RNA 序列为 $R = R_5 R_4 R_3 R_2 R_1$，R_2 被 R_2' 替换后，形成新的序列为 $R' = R_5 R_4 R_3 R_2' R_1$。若 R_2 和 R_2' 选为两条 RNA 序列的某一部分，则置换运算转变为传统遗传算法的单点交叉运算。若置换的子序列为某一段病毒或酶，该操作相当于引入 DNA 计算的插入操作。

以上三种算子，都可以对单个 RNA 序列进行操作，且各有特点。然而，同时执行三种算子将增加计算复杂度，而且三种算子具有一定的重复性。交叉操作的设计是开放架构，本章将置换算子作为基本交叉算子，转位算子和换位算子则依概率执行。

由于 RNA-GA 采用碱基编码，有 4 种基本元素，相对二进制 GA 而言，其变异过程相对复杂，主要有以下 3 种变异算子。

（1）颠换算子：指 RNA 序列中的结构编码位发生变换而功能编码位均未发生变化，这相当于数字编码中的首位数字均出现变化，而末位数字均保持不变，共有 $C \leftrightarrow A$、$U \leftrightarrow G$，即 $0 \leftrightarrow 2$、$1 \leftrightarrow 3$ 四种情况。

（2）转换算子：RNA 序列中只有功能编码位发生变换，而结构编码位均未变化，这相当于数字编码中的末位均出现变化而首位数字均保持不变，共存在 $C \leftrightarrow U$、$A \leftrightarrow G$，即 $0 \leftrightarrow 1$、$2 \leftrightarrow 3$ 四种情况。

（3）对换算子：RNA 序列中的结构编码位和功能编码位都同时变化，这相当于数字编码的首位和末位都出现了变化，对换成互补的碱基，共有 A ↔ U 、 C ↔ G，即 2 ↔ 1、0 ↔ 3 四种情况。

2.2.3 基本遗传算法

在基本遗传算法 SGA 中，待优化问题的每个变量都用长度为 l 的二进制染色体串描述，搜索范围的下限对应于编码 0，而其上限对应于编码 $2^l - 1$。若包含 n 个变量，则由长度为 $L = n \times l$ 的二进制染色体串编码表示。通过对随机生成的染色体群体进行选择、交叉和变异操作使整个种群向着最优群体方向进化。SGA 的实现步骤如下所示。

步骤 1：参数初始化，生成编码长度为 L 的初始群体 $P(0)$。

步骤 2：计算个体的适应度值。

步骤 3：选择 N 个个体作为交叉操作和变异操作的父本。

步骤 4：根据交叉概率 P_c 进行交叉操作，产生两个子代。

步骤 5：按照变异概率 P_m 对两个子代执行变异操作。

步骤 6：进行精英保留，直至满足停止条件。

遗传算法是进化算法中产生最早、影响最大、应用最广的一个研究方向和领域，它包含了进化算法的基本形式和几乎全部的优点。然而，传统 GA 采用二进制编码，虽然编码和解码操作简单，交叉、变异等操作便于实现以及便于模式定理进行理论分析，但是对连续函数的优化问题，其局部搜索能力较差。对多维、高精度要求的连续函数优化问题，若个体编码串较短，可能达不到精度要求，个体编码串较长时，虽然能提高精度，却会使算法的搜索空间急剧扩大，从而降低遗传算法的性能。虽然 GA 具有较强的全局搜索能力，能较快地确定全局最优点的大概位置，但是其局部搜索能力较弱，进一步精确求解要耗费较长时间。而且当算法搜索到一定的程度后，所有解收敛到某一局部最优解，不能对搜索空间做进一步的探索。在 SGA 的描述中，已经明确了采用简单的操作算子存在的不足，例如，过大的变异概率易使遗传算法变成随机搜索算法，反之，过小的变异概率使遗传算法易于陷入局部最小值。本章尝试将 DNA 计算的概念和分子操作与遗传算法相结合，以克服传统遗传算法的不足。

2.2.4 RNA 遗传算法及操作算子

在 DNA 计算中，当对分子进行扩增操作时，采用 PCR 技术可使浓度高或溶解度高的 DNA 串有更多的机会进行扩增。这与遗传算法中，适应度高的个体有更多机会得到复制如出一辙。因此 RNA-GA 采用比例选择算子。文献[16]进行了基于选择和变异的 DNA 遗传模型研究，将 DNA 遗传分子序列分为"有害的"和"中性的"的两大类，并阐明在不同类的分子序列中进行选择和变异可得到不同的进化结果。受 DNA 遗传模型启发，将 RNA 分子序列根据个体适应度函数值定义为有害个体和中性个体。对于群体数为 N 的 RNA 序列，定义前 $<N/2>$ 个最优个体为中性个体，剩下的则为有害个体，其中，$<\cdot>$ 为取整符号。为便于计算，设 N 为偶数。由于优良父辈的杂交有利于产生优良子代，因此在 RNA-GA 中，交叉操作仅在中性个体中进行。同时为保持种群的多样性，变异操作在整个群体中进行。RNA-GA 所做的主要改进如下。

（1）RNA-GA 编码。

RNA-GA 的编码采用 2.2.1 节所述的四进制编码方式，长度为 L 的 RNA 分子序列的类型空间为 $E=\{0,1,2,3\}^L$。

（2）RNA-GA 交叉算子。

根据目标函数值 f，定义最好的 $N/2$ 个个体为中性个体，剩下的为有害个体。交叉算子包括转位、换位和置换操作，均在中性个体中执行。其中，置换操作的概率为 1，转位操作的执行概率设为 0.5。执行置换操作时，R_2 为当前序列 $[1,L]$ 范围内的随机子序列，R_2' 为其他中性个体序列的随机子序列，其序列长度和 R_2 的相同。当执行转位操作时，R_2 从当前序列的前半部分随机获取，R_2 的新位置则在 $[R_{2h}+L/2,L]$ 的范围内随机产生，其中，R_{2h} 为后半部分序列中与 R_2 位置相对应的子序列位置。若转位操作未执行，则执行换位操作。在换位操作中，子序列 R_2 在当前序列的前半部分随机产生，而子序列 R_4 在该序列的后半部分随机产生，其长度与 R_2 相同。通过交叉操作，$N/2$ 个中性父辈将产生 N 个子代。

（3）RNA-GA 变异算子。

为保持种群的多样性并产生新的基因信息，变异操作在父辈的有害个体和交叉操作产生的子代中执行。变异算子的父辈共有 $3N/2$ 个。文献[16]在其研究的 DNA 序列模型中指出，在同一个 DNA 序列的不同位置，存在热点和冷点，位于冷点的碱基其变异概率远小于位于热点的碱基。对 RNA-GA 而言，在进化的不同阶段，不同位置的码位对问题解的影响是不一样的。因而在进化的不同阶段，希望 RNA 序列拥有不同的热点和冷点。例如，在进化的初始阶段，希望在高位的码位具有较高的变异概率，以获得更大的搜索空间；而在进化的尾声阶段，找到了最优解的大致范围，期望低位的码位具有较高的变异概率，以搜索到更精确的最优解，并使高位的码位保持低变异概率，以避免好的 RNA 序列因变异而被破坏。基于上述思想，变异概率应是一个动态变化的过程，设定

RNA 序列的 $[1, L/2]$ 为低位，$[L/2, L]$ 为高位，相应地，可定义两种变异概率——高位变异概率 p_{mh} 以及低位变异概率 p_{ml}，如下式所示：

$$p_{\mathrm{mh}} = a_1 + \frac{b_1}{1 + \exp[aa(g - g_0)]} \qquad (2.1)$$

$$p_{\mathrm{ml}} = a_1 + \frac{b_1}{1 + \exp[-aa(g - g_0)]} \qquad (2.2)$$

式中，a_1 为 p_{mh} 的最终变异概率及 p_{ml} 的初始变异概率，b_1 为变异概率的变化范围，g 为当前进化代数，g_0 为热点和冷点的转折点，aa 为变化速率。p_{mh} 和 p_{ml} 随进化代数的变化曲线如图 2.1 所示。其中，式(2.1)和式(2.2)的系数选择如下：$a_1 = 0.02$，$b_1 = 0.2$，$g_0 = G/2$，$aa = 20/G$，G 为最大进化代数。

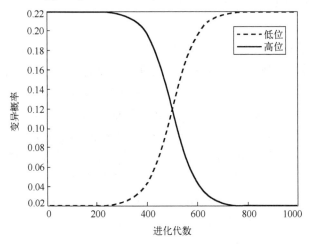

图 2.1　p_{mh} 和 p_{ml} 的变化曲线

当完成上述变异概率的计算后，算法将产生 L 个 $(0, 1)$ 之间的随机数，将其与变异概率比较。若变异概率大于相应的随机数，则执行变异操作：用以概率随机出现的 $0 \sim 3$ 之间的随机整数替换原来的值，即可实现 2.2.2 节所提的三种变异算子。

(4) RNA-GA 选择算子。

执行完交叉和变异操作后，将产生 $3N/2$ 个新的 RNA 序列。为保护优良个体并保持种群多样性，在比例选择操作(轮盘赌法)执行前，选择最好的 $N/2$ 个序列和最差的 $N/2$ 个序列作为选择操作的父辈。当前序列被复制的个数根据下式计算：

$$N_s = \left\langle \left(J_i \bigg/ \sum_{i=1}^{N} J_i \right) \times N \right\rangle \tag{2.3}$$

式中，$J_i = F_{max} - f_i$，F_{max} 为保证 $J_i > 0$ 的常数，f_i 为函数适应度值，$\langle \cdot \rangle$ 表示取整。由于取整运算会有截断误差，即使 $N_s = 0$，RNA 序列仍将被复制一次。由此，通过选择操作将产生 N 个序列作为交叉和变异操作的父辈。

2.2.5　RNA-GA 算法实现步骤

根据上述 RNA 的编码和操作算子，本章提出的 RNA-GA 算法归纳如下。

步骤 1：设置最大进化代数 G、染色体编码长度 L 及种群大小 N。随机生成 N 个由 RNA 序列组成的初始种群，计算各 RNA 序列的适应度函数值。

步骤 2：根据式 (2.3) 进行比例选择，选取好的个体作为交叉操作的父本。

步骤 3：在前 $N/2$ 个较优个体中，执行交叉操作：以概率 1 执行置换算子，以概率 0.5 执行换位算子，若不执行换位算子则执行转位算子。经交叉操作后，生成 N 个个体。

步骤 4：将步骤 3 产生的 N 个个体和剩余的 $N/2$ 个个体作为变异操作的父本，根据式 (2.1) 和式 (2.2) 执行自适应动态变异操作。如果变异概率大于相应的随机数，则依次执行颠换、转换和对换变异操作，即用以概率随机出现的 $0 \sim 3$ 的随机整数替换原来的值。

步骤 5：对步骤 4 产生的个体，选择最好的 $N/2$ 个序列和最差的 $N/2$ 个序列作为选择操作的父辈。转至步骤 2，重复各步骤直至满足终止条件。终止条件为达到最大进化代数或满足不等式 $|F_b - F^*| < \Delta$，其中，F_b 表示当前的最好值，F^* 为全局最优解，Δ 为解的精度。

通过以上 RNA-GA 算法实现步骤可知，当电子 RNA-GA 的计算过程被生物 RNA 分子计算取代时，即使 RNA 分子计算得到的较好解被无意删除，通过 RNA 分子操作的重组和变异，在下一步仍可得到更好的优化解。通过有限步重复操作，最优或次优解将大大增加，从而使得 RNA 结果序列易于分离，可突破 DNA 计算的局限性。

2.3　RNA-GA 全局收敛性分析

在 2.2.1 节中，定义 RNA 单链为长度为 L 的四进制序列，其编码空间为

$S = \{0,1,2,3\}^L$，$|S| = 4^L$。设 N 为种群的个体数，Ω 为 RNA 序列的集合，X 为 Ω 集合中元素构成的群体，Ω^N 为集合中可能存在的所有群体，$\Omega^N = \{X_1, X_2, \cdots, X_n\}$。

对于全局最小化问题，若给定一个非空集合作为搜索空间，则优化问题转化为在搜索空间中找到至少一个使目标最小的点。针对上述寻优问题，Hartl 给出了关于 Markov 链的著名定理[18]，指出了 GA 以概率 1 收敛到最优值需要满足的条件。

定理 2.1[18]　若群体最优适应度序列对时间是单调的，并且 X 中的任意点在有限步内通过变异和重组操作可以到达，则 GA 以概率 1 收敛到优化状态。

根据以上定理，对具有精英保留的 RNA-GA 算法做如下收敛性分析。

由于 RNA-GA 由选择、交叉、变异三种遗传算子组成，总的转换概率（P）可分解为 3 个概率矩阵之积，选择转换概率矩阵（S），交叉转换概率矩阵（C）以及变异转换概率矩阵（M），$P = CMS$。同时，矩阵 S、M、C 具有如下特征。

$$\sum_{j=1}^{n} c_{ij} = 1 \tag{2.4}$$

式中，c_{ij} 为 RNA 序列 i 通过交叉操作转换为 j 的概率。

$$m_{jk} = \prod_{i=1}^{N} \left(\frac{p_m}{C_d - 1} \right)^{H_i} (1 - p_m)^{L - H_i} \quad k \in \{1, 2, \cdots, n\} \tag{2.5}$$

其中，m_{jk} 表示 RNA 序列通过变异操作由状态 j 变为 k 的概率；对于四进制编码，$C_d = 4$；H_i 为状态 j 和状态 k 对应个体的海明距离。由于至少一个个体被选中，故

$$\sum_{k=1}^{n} s_{kq} > 0 \quad q \in \{1, 2, \cdots, n\} \tag{2.6}$$

其中，s_{kq} 表示 RNA 序列由状态 k 变为状态 q 的概率。令

$$\rho = \left[\min \left(\frac{p_m}{3}, 1 - p_m \right) \right]^{NL} \tag{2.7}$$

由式（2.5）和式（2.7）可得

$$m_{jk} > \rho \tag{2.8}$$

根据 RNA-GA 的运行过程可得

$$P = CMS = \sum_{k=1}^{n} \left(\sum_{j=1}^{n} c_{ij} m_{jk} \right) s_{kq} \qquad (2.9)$$

将式(2.8)代入式(2.9)可得

$$P \geqslant \sum_{k=1}^{n} \left(\sum_{j=1}^{n} c_{ij} \rho \right) s_{kq} \qquad (2.10)$$

将式(2.4)代入式(2.10)可得

$$P \geqslant \rho \sum_{k=1}^{n} s_{kq} \qquad (2.11)$$

综合式(2.6)和式(2.11)，可知

$$P > 0 \qquad (2.12)$$

所以转移概率矩阵 P 为正矩阵，RNA-GA 经过选择、交叉、变异后生成的各代群体所构成的有限状态齐次 Markov 链是可遍历的。由此可知，X 中的任意点在有限步内通过重组操作和变异操作是可以到达的。

记 f^* 为优化问题的全局最优点，$Z_t = \max\{f(X_k^{(t)}) \mid k = 1,2,\cdots,n\}$ 为第 t 代时可达到的最优适应度的状态，p_i^t 为个体达到 Z_t 时的概率。显然有

$$P\{Z_t \neq f^*\} \geqslant p_i^t \qquad (2.13)$$

由式(2.13)可得

$$P\{Z_t = f^*\} \leqslant 1 - p_i^t \qquad (2.14)$$

并且从式(2.12)可得

$$p_i^\infty > 0 \qquad (2.15)$$

故

$$\lim_{t \to \infty} P\{Z_t = f^*\} \leqslant 1 - p_i^\infty < 1 \qquad (2.16)$$

可以注意到式(2.16)的推导过程没有采用精英保留策略，事实上，一旦 X 中有更好的点产生，精英策略就能将其保留，经过有限时间的状态转移后，最优点总能被访问到，从而使得群体最优适应度序列对时间是单调的，满足定理 2.1 的条件，即 $\lim_{t \to \infty} P\{Z_t = f^*\} = 1$。因此，当采用精英保留策略时，RNA-GA 可以概率 1 收敛到全局最优解。

2.4　RNA-GA 性能分析

2.4.1　测试函数

　　为测试所提出的 RNA-GA 算法的有效性，需要选取一些典型测试函数作为测试环境。任意几个具有不同特性的函数组合不能说明其具有一般性，要选择一组有代表性的测试函数并非易事。表 2.1 列出了 5 个有代表性的无约束测试函数，它们具有如下特征：连续/不连续特性、搜索空间范围大、局部极小点多以及欺骗性强。为便于说明和显示，所有函数都采用二维形式。

表 2.1　测试函数列表

测试函数	最优点	最优值
$f_1(\boldsymbol{x})=100(x_2-x_1^2)^2+(1-x_1)^2 \quad x_1,x_2\in[-5.12,5.12]$	$(1,1)$	0
$\max f_2(\boldsymbol{x})=\left(\dfrac{a}{b+(x_1^2+x_2^2)}\right)^2+(x_1^2+x_2^2)^2$ $a=3.0，b=0.05，x_1,x_2\in[-5.12,5.12]$	$(0,0)$	3600
$f_3(\boldsymbol{x})=\sum_{i=1}^{2}-x_i\sin(\sqrt{|x_i|}) \quad x_1,x_2\in[-500,500]$	$(420.9687,420.9687)$	-837.9658
$f_4(\boldsymbol{x})=x_1\times\sin(\sqrt{|x_2+1-x_1|})\times\cos(\sqrt{|x_1+x_2+1|})$ $+(x_2+1)\cos(\sqrt{|x_2+1-x_1|})\times\sin(\sqrt{|x_1+x_2+1|})$ $x_1,x_2\in[-512,512]$	$(-512,-512)$	-511.701
$f_5(\boldsymbol{x})=((x_1-100)^2+(x_2-100)^2)/4000$ $-\cos(x_1-100)\cos((x_2-100)/\sqrt{2})+1$ $x_1,x_2\in[-600,600]$	$(100,100)$	0

　　f_1 为马鞍函数，其全局最小值位于函数谷底的狭窄区域，该函数的不可分特性则进一步加大了寻优难度。f_2 为大海捞针问题，其最大值为 3600，并存在 4 个局部极小点，当选择不同系数时，可形成具有不同程度欺骗性的测试问题。Schwefel 函数 f_3 具有对称、可分割及多模态特性，其全局最优解在搜索空间的边沿，并与次优解相距甚远，搜索算法很容易收敛到错误的方向。Rana 函数 f_4 是一个不可分割且具有很多个局部极小点的测试函数，最优解位于搜索空间的角落。Griewank 函数 f_5 具有成百上千个分布广泛的局部最小点，但是极小点呈规律性分布。为便于理解，绘制出 $f_1\sim f_5$ 的二维函数如图 2.2～图 2.7 所示。由

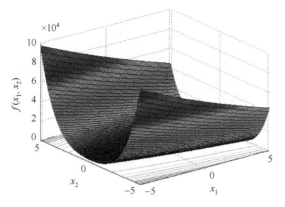

图 2.2　二维马鞍函数

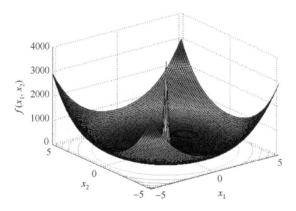

图 2.3　二维大海捞针函数

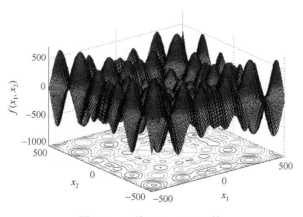

图 2.4　二维 Schwefel 函数

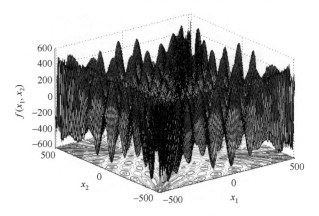

图 2.5　二维 Rana 函数

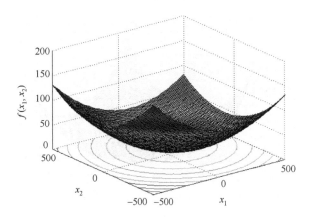

图 2.6　二维 Griewank 函数

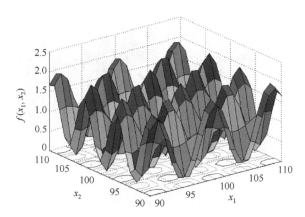

图 2.7　Griewank 函数细节部分

图可知，采用传统的优化算法，如梯度下降法，将很难得到全局最优解。对这些函数进行寻优，大部分进化算法同样存在困难，只有那些具有较强反欺骗性能的搜索算法才能最终得到最优解。

2.4.2　RNA-GA 参数适应性分析

本节将讨论 RNA-GA 主要参数的设定问题，通过采用不同参数设置的 RNA-GA 对 f_4 及 f_5 寻优，以更好地提供算法参数设置的依据。第一组测试固定参数 $aa = 20/G$，$b_1 = 0.2$，选择不同的 a_1 值；第二组测试则固定参数 $b_1 = 0.2$，$a_1 = 0.02$，选择不同的 aa 值；第三组测试则固定参数 $aa = 20/G$，$a_1 = 0.02$，选择不同的 b_1 值。单独运行本章算法 50 次后，得到 50 次中每一代最优结果的均值，构成优化算法的进化趋势曲线，如图 2.8～图 2.10 所示。从图中可以看出 RNA-GA 的快速收敛性能，同时也表明该算法的收敛速率和寻优性能对 a_1 和 b_1 的参数设置比较敏感，而对 aa 取值不敏感。设置较大的 a_1 和 b_1 可加快其收敛速度。然而，太大的 a_1 和 b_1 参数取值会导致 RNA-GA 变成随机搜索算法，降低了算法的收敛速率。而太小的 a_1 和 b_1 取值使得 RNA-GA 易于陷入局部极小点，同样会影响算法的寻优性能。依据寻优测试结果，a_1 和 b_1 的参数设置范围为：$a_1 = 0.001 \sim 0.05$，$b_1 = 0.1 \sim 0.3$，$aa = 20/G$。本章 RNA-GA 算法对 $f_1 \sim f_3$ 寻优也表明了这些参数取值范围的有效性。

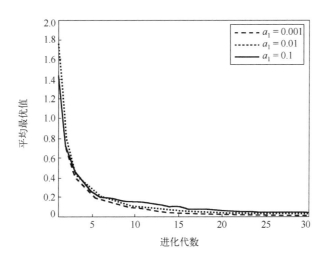

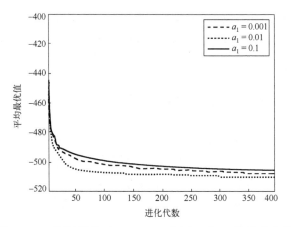

图 2.8　a_1 取不同值时 RNA-GA 求解 f_4 和 f_5 的收敛曲线

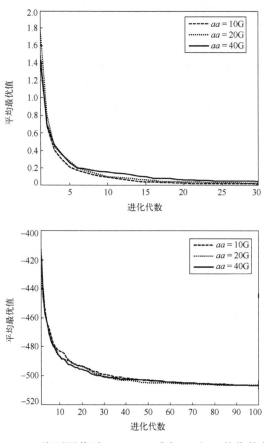

图 2.9　aa 取不同值时 RNA-GA 求解 f_4 和 f_5 的收敛曲线

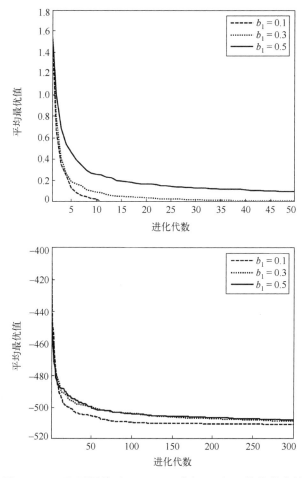

图 2.10　b_1 取不同值时 RNA-GA 求解 f_4 和 f_5 的收敛曲线

2.4.3　RNA-GA 与 SGA 寻优对比研究

为获得 RNA-GA 如何收敛到全局最优解的直观概念,本节将绘制 RNA-GA 种群个体在测试函数等高线图上的分布情况。在测试函数的优化过程中,最大进化代数 G 设为 1000,种群个数 N 设为 60,RNA 序列长度 L 设为 40,Δ 设为 0.0001。RNA-GA 的其他参数设置如 2.4.2 节所示。为便于比较说明,SGA 选用 MATLAB 自带的遗传算法工具箱中的标准遗传算法,SGA 的配置为带精英保留策略、比例选择、自适应变异及交叉概率为 0.8 的两点交叉算子。

　　以 f_1 和 f_4 函数为例说明 RNA-GA 和 SGA 的寻优进化过程，如图 2.11～图 2.14 所示。图中，SGA 和 RNA-GA 具有类似的初始种群分布，然而在进化过程中，RNA-GA 显然具有更好的种群多样性，RNA-GA 在算法结束时，除了在最优点处集中了大部分个体外，还有一部分个体在该点范围之外，这种分布结构有利于 RNA-GA 跳出局部最优解，克服测试函数欺骗性。SGA 在进化过程中则逐步趋向于某些局部解，在进化结束时，几乎集中在某一点范围内。由此可见，在相似的初始分布条件下，RNA-GA 能够更好地保持种群多样性，具有更强的搜索能力。

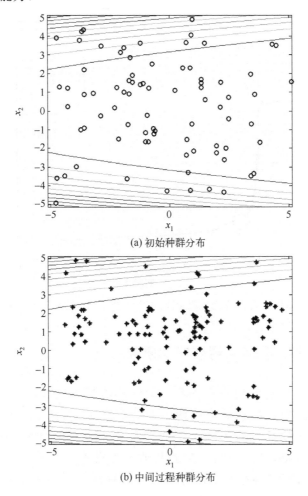

(a) 初始种群分布

(b) 中间过程种群分布

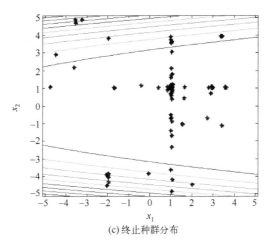

(c) 终止种群分布

图 2.11　马鞍函数的 RNA-GA 优化过程

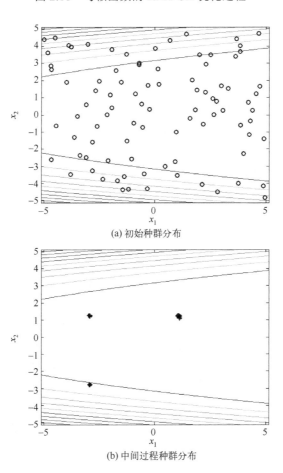

(a) 初始种群分布

(b) 中间过程种群分布

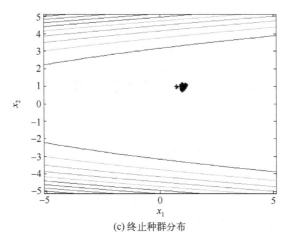

(c) 终止种群分布

图 2.12　马鞍函数的 SGA 优化过程

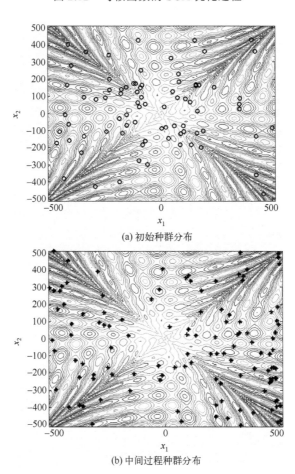

(a) 初始种群分布

(b) 中间过程种群分布

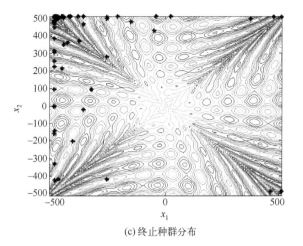

(c) 终止种群分布

图 2.13　Rana 函数的 RNA-GA 优化过程

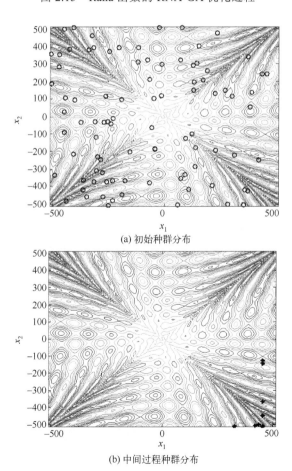

(a) 初始种群分布

(b) 中间过程种群分布

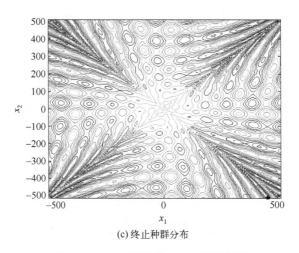

(c) 终止种群分布

图 2.14　Rana 函数的 SGA 优化过程

　　种群分布结果只能说明某一个进化过程的情况，对于随机搜索算法，有必要采用统计结果说明算法性能。为得到有效的统计数据，将上述 RNA-GA 和 SGA 算法各独立运行 50 次。采用平均进化代数 $\bar{E}$、最小进化代数 $E_{\min}$ 以及最大进化代数 $E_{\max}$ 来说明算法的收敛速度，其中，$\bar{E} = \dfrac{1}{R}\sum\limits_{i=1}^{R} E_i$，$E_i\ (i \in 1,\cdots,R)$ 为满足终止条件时的实际运行代数。相应的统计结果如表 2.2 所示。

表 2.2　RNA-GA 和 SGA 收敛速度比较

测试函数	RNA-GA			SGA		
	$\bar{E}$	$E_{\min}$	$E_{\max}$	$\bar{E}$	$E_{\min}$	$E_{\max}$
f_1	614.5	109	1000	311.3	77	1000
f_2	489.5	327	577	941.2	724	1000
f_3	323.5	117	603	240.95	201	1000
f_4	760.1	493	1000	961.5	211	1000
f_5	497.0667	5	1000	859.25	89	1000

　　为说明算法的全局搜索性能，用 $F_{\min}$、$F_{\max}$ 及 $\bar{F}$ 进行比较，它们分别表示 50 次运行结果中的最小值、最大值以及平均值。50 次运算中，成功达到全局最优解的概率用 Suc.rate 表示，相应的统计数据列于表 2.3 中。

表 2.3　RNA-GA 和 SGA 全局寻优性能比较表

测试函数	RNA-GA				SGA			
	$\bar{F}$	F_{min}	F_{max}	Suc.rate/%	$\bar{F}$	F_{min}	F_{max}	Suc.rate/%
f_1	8.570×10^{-7}	8.336×10^{-9}	3.4793×10^{-7}	100	4.598×10^{-6}	3.254×10^{-9}	4.065×10^{-5}	100
f_2	3.600×10^3	3.600×10^3	3.600×10^3	100	3.316×10^3	3.600×10^3	2.7488×10^3	66.67
f_3	-837.966	-837.966	-837.966	100	-833.228	-837.966	-719.527	96
f_4	-511.613	-511.733	-510.585	32	-500.406	-511.733	-463.419	5
f_5	0.0020	4.156×10^{-8}	0.0074	76	0.0102	5.849×10^{-10}	0.0271	21

表 2.3 的统计结果表明，RNA-GA 可以有效克服具有较少局部极小点的欺骗性问题，如对 f_2 和 f_3 寻优时，具有 100% 的成功率。对于函数 f_5，由于存在成百上千个局部极小点，RNA-GA 作为一种随机搜索算法，同样存在会陷入局部极小点的可能性，但是其 76% 的成功率显然要优于 SGA 21% 的成功率。对于函数 f_4，由于具有保持种群多样性的优点，RNA-GA 搜索到的全局最优解位于 $(-488.6300, 512)$ 处，为 -511.7329，表明表 2.1 中的 $(-512, -512)$ 只是一个局部最优解，RNA-GA 获得了更好的解。

对于函数 f_4，尽管 RNA-GA 搜索到全局最优的概率仍然较低，但是相对 SGA 而言，这样的结果已经有了很大提高。在表 2.3 中，RNA-GA 和 SGA 对测试函数 f_1 和 f_3 具有相似的全局搜索性能。但比较表 2.2 的统计结果，就可以看出对于这两个测试函数 SGA 的收敛速度要优于 RNA-GA 的收敛速度。这是由于图 2.1 中变异概率的动态变化过程存在一个转折点，为保持较好的种群多样性，收敛速度的快速性在一定程度上被牺牲了。比较单模态测试函数 f_1 的统计结果，由于该函数不具有模式欺骗性，RNA-GA 和 SGA 都能 100% 找到全局最优解，但是 RNA-GA 得到的最优解明显优于 SGA 得到的最优解。

综合 RNA-GA 和 SGA 的动态优化过程及其寻优比较结果，可以看出 RNA-GA 具有更好的搜索性能和克服模式欺骗的能力。

2.5　小　　结

本章将 RNA 分子操作和 DNA 序列模型与遗传算法相结合，提出了一种 RNA-GA 算法用于复杂函数的优化求解。算法收敛性分析和测试函数的寻优对比结果表明本章所提算法的有效性和优越性。RNA-GA 的这些优越性源于将 DNA 序列模型用于动态变异概率的设置以及将多种 RNA 分子操作算子融合到交叉算子中。传统的进化算法在搜索到某一最优点时，种群中的个体趋同，使得算法难以跳出局部最优点，而 RNA-GA 具有克服这个缺陷的能力。此外，由于遗传操作算子都从 RNA 和 DNA 分子操作抽象而来，理论上认为经过简单的转换，该算法也可用于 DNA 计算生化反应实验，从而突破当前 DNA 计算的局限性。然而在当前的实验条件下，该算法的生物试验还有赖于 DNA 生物技术的进一步发展。

参 考 文 献

[1]　Adleman L M. Molecular computation of solutions to combinatorial problems[J]. Science, 1994, 266(5187):1021-1024.

[2]　Ouyang Q, Kaplan P D, Liu S M, et al. DNA solution of the maximal clique problem[J]. Science, 1997, 278(5337): 446-449.

[3]　Braich R S, Chelyapov N, Johnson C, et al. Solution of a 20-variable 3-SAT problem on a DNA computer[J]. Science, 2002, 296(5567): 499-502.

[4]　Boenh D, Dunworth C, Lipton R J. Breaking DES Using a Molecular Computer[R]. Princeton: Princeton University, 1995.

[5]　Lee J Y, Shin S Y, Park T H, et al. Solving traveling salesman problems with DNA molecules encoding numerical values[J]. BioSystems, 2004, 78(1/3): 39-47.

[6]　Yang C N, Yang C B, A DNA solution of SAT problem by a modified sticker model[J]. BioSystems, 2005, 81(1): 1-9.

[7]　Yamamoto M H, Matsuura N, Shiba T, et al. Solutions of shortest path problems by concentration control[J]. Lecture Notes Computer Science, 2002, 2340: 203-212.

[8]　Garzon M H, Deaton R J, Rose J A, et al. Soft molecular computing[C]// Preliminary Proceedings of the Fifth International Meeting on DNA Based Computers, 1999, 54: 91-100.

[9]　Hartemink A J, Mikkelsen T S, Giord D K. Simulating biological reactions: A modular approach[C]//Preliminary Proceedings of the Fifth International Meeting on DNA-based Computers, 1999, 54: 111-122.

[10]　Li Y, Fang C, Ouyang Q. Genetic algorithm in DNA computing: A solution to the maximal clique problem[J]. Chinese Science Bulletin, 2004, 49(9): 967-971.

[11]　Amos M. Theoretical and Experimental DNA Computation[M]. Berlin: Springer-Verlag,

2005.

[12] Holland J H. Adaptation in Natural and Artificial Systems[M]. Ann Arbor: The University of Michigan Press, 1975.

[13] Faulhammer D, Cukras A R, Lipton R J, et al. Molecular computation: RNA solutions to chess problems[C]// Proceedings of the National Academy of Sciences of the United States of America, 2000, 97(4): 1385-1389.

[14] Cukras A R, Faulhammer D, Lipton R J, et al. Chess games: A model for RNA based computation[J]. Biosystems, 1999, 52(1/3): 35-45.

[15] 李书超, 许进, 潘林强. 高维空间中基于 DNA 计算的 RNA 数字编码的运算法则[J]. 科技通报, 2003, 19(6): 461-465.

[16] Neuhauser C, Krone S M. The genealogy of samples in models with selection[J]. Genetics, 1997, 145(2): 519-534.

[17] Tao J L, Wang N. DNA computing based RNA genetic algorithm with applications in parameter estimation of chemical engineering processes[J]. Computers and Chemical Engineering, 2007, 31(12): 1602-1618.

[18] Hartl R F. A global convergence proof for a class of genetic algorithms[D]. Vienna: University of Technology, 1990.

第3章 具有茎环操作的 RNA 遗传算法

3.1 引 言

遗传算法是模拟自然界生物进化机理而形成的一类随机优化算法，由于其较好的通用性和全局寻优能力，被广泛用于函数优化、自动控制、图像处理等各个领域。然而，传统的遗传算法也存在一些不足，如局部搜索能力弱，容易早熟收敛等。借鉴生物分子操作的多样性并将其与遗传算法结合，研究者们提出了各种融合生物分子操作的遗传算法，主要有 RNA 遗传算法[1]、基于 DNA 的遗传算法[2]、基于双链的 DNA 遗传算法[3]、基于 DNA 的混合遗传算法[4]等。

在传统遗传算法寻优的进化过程中，随着算法的运行，种群中的大部分个体会朝着某一个或某几个方向移动，种群中个体相似度越来越高，易于导致早熟收敛。因此在进化过程中保持良好的种群多样性，对于避免遗传算法早熟收敛，提高算法的搜索性能具有非常重要的意义。传统遗传算法的选择操作是基于"优良个体具有更大的选择机会"原则，即只要某个体适应度函数值高，则该个体在下一代种群中出现的概率就大。基于该原则，若当前种群中某个或某几个个体的适应度函数值比其他的个体明显大，则该个体或该几个个体在后代种群中的数量就会急剧增加，从而使算法进入一个不期望的收敛状态。

自然界中，相似个体在一定程度上会发生相互排斥，以牺牲一些相似个体来换取其他个体更大的生存机会。受这种生物相似排挤现象的启发，并借鉴 RNA 编码和分子操作,本章提出了一种具有茎环操作的 RNA 遗传算法(srRNA-GA)[5]。该算法在选择操作后，采用相似剔除策略剔除种群中的相似个体，并以随机产生方式补充相应数量的个体，来达到增加后代种群多样性、提高搜索性能的目的。测试函数寻优结果验证了所提出的算法在避免早熟收敛和提高寻优性能上的有效性。

3.2　srRNA-GA

3.2.1　编码和解码

本章提出的 srRNA-GA 算法采用 RNA 碱基编码,详见本书的 2.2.1 节。

对于一个 m 维的优化问题,则实数编码的个体候选解可以表示为 $x_1 x_2 \cdots x_m$。在 RNA 编码中,用一个长度为 l 的四进制整数链来表示每一个变量 x_i。假设变量 x_i 的取值范围为 $[x_{i\min}, x_{i\max}]$,则用 l 个 0 的链表示下界 $x_{i\min}$,用 l 个 3 表示上界 $x_{i\max}$。其余的长度为 l 的四进制 RNA 个体就可以转化为介于 $[x_{i\min}, x_{i\max}]$ 之间的实数。显然,编码过程就是把 $[x_{i\min}, x_{i\max}]$ 连续区间离散化为 4^l 个片段,每个区间的大小即为离散化精度,为 $(x_{i\min} - x_{i\max})/4^l$,该精度与 l 有关。l 取值越大,则离散精度越高,同时 RNA 链也会变长。解码过程正好与编码过程相反,即把四进制的 RNA 链转化为各个自变量定义域内的值。

编码过程完成了从问题空间到 RNA 空间的映射。随后,这些序列通过 RNA 分子操作在 RNA 空间里改变它们的形态。在每代运行结束后,再通过解码过程把每个个体重新从 RNA 空间转化到问题空间以便对个体进行适应度评价。通过不断迭代重复这个过程,最终得到所期望的优化结果。

3.2.2　选择操作

选择操作通过在当前种群中复制某些个体构成下一代种群。每个个体被选择的概率和被复制的数量与它的适应度函数值有关。在选择操作执行前,先要确定一个选择操作的"候选集合"。本章算法中,由于后续的交叉操作会使种群规模扩增,为了在选择优秀个体与保持种群多样性之间取得合理的折中,选择当前种群中最好的 $<N_{\text{pop}}/2>$ 个个体和最差的 $<N_{\text{pop}}/2>$ 个个体组成"候选集合"(N_{pop} 表示初始种群规模,$<\cdot>$ 表示向下取整)。最好的 $<N_{\text{pop}}/2>$ 个个体定义为"中性个体",最差的 $<N_{\text{pop}}/2>$ 个个体定义为"不良个体"。"中性个体"拥有更高的适应度值,保留更多的该类个体进入子代种群能使后代在父代的基础上得到进化。相反,保留"不良个体"到子代种群中通常并不能使后代种群得到进化,但是保留少量的"不良个体"能提高子代的种群多样性,这对于算法跳出局部最优解和避免早熟收敛是非常有帮助的。

选择操作采用比例选择，"候选集合"中个体被复制的数量由式(3.1)计算得到。

$$N_i = <\left(\frac{f_i}{\sum\limits_{i=1}^{N_{\text{pop}}} f_i} \right) \times N_{\text{pop}} > \tag{3.1}$$

式中，$f_i > 0$ 表示个体的适应度函数值。通过该选择操作，得到种群规模为 N_{pop} 的下一代种群。

3.2.3　相似剔除操作

传统遗传算法的选择操作只是从父代个体中选择某些个体组成子代种群，并不会有新的个体产生。当种群中大部分个体都变得非常相似时，试图通过传统的选择操作来保持种群多样性是不现实的。受生物界相似物种间竞争排挤、优胜劣汰思想的启发，本章在选择操作完成后加入一种相似剔除策略来增强种群多样性。

对于种群中的某两个个体 j 和 k，本章构建一个个体相似度评价函数 $g_{j,k}$ 如下：

$$g_{j,k} = \omega_1 \left\| x_j - x_k \right\| + \omega_2 \left| f_j - f_k \right|, \quad (j,k = 1,2,\cdots,N_{\text{pop}} / 2) \tag{3.2}$$

式中，$\left\| x_j - x_k \right\|$ 表示个体 j 和个体 k 的欧氏距离，ω_1 和 ω_2 分别是适应度函数值和欧氏距离的权重因子。如果 $g_{j,k} \leqslant \xi$（ξ 是一个大于零的阈值常数），则表明个体 j 和个体 k 不仅在适应度函数值大小上接近，而且它们的欧式距离也非常小。因此，把这两个个体判定为"相似个体"。这两个"相似个体"同时保留到下一代不利于保持种群多样性，需要采取剔除操作来剔除其中的一个个体。相反，$g_{j,k} > \xi$ 则表明这两个个体至少在适应度值和欧氏距离中的一个上存在较大差别，为"非相似个体"没有必要剔除。

针对"中性个体"和"不良个体"在种群中的作用，剔除操作考虑如下两种情况：如果"相似个体"属于"不良个体"，则剔除较好个体，保留较差个体；如果"相似个体"属于"中性个体"，则剔除较差个体，保留较好个体。为了保证种群的规模不变，在剔除一个个体的同时，用随机方式产生的一个新个体来填补被剔除个体的空缺。

3.2.4　交叉操作

执行上述操作后得到规模为 N_{pop} 的新种群，随后该种群被重新分成"中性个体"和"不良个体"。由于"中性个体"存在着较多的优良基因，有利于产生更好的新个体，因此，本章算法的交叉操作只在"中性个体"中进行。模拟 RNA 分子操作，本章设计了 RNA 置换操作和 RNA 茎环(stem ring)操作来代替传统遗传算法中的简单交叉操作。RNA 置换操作和 RNA 茎环操作描述如下。

(1)RNA 置换操作：在生物体中，置换操作表现为 RNA 序列的一个子序列被另一个 RNA 个体的相等长度的子序列所代替。如果初始个体是 $R_1R_2R_3R_4R_5$，当 R_3 这个子序列被 R_3' 这个子序列置换时，新的序列就变成了 $R_1R_2R_3'R_4R_5$。其中，R_3' 是从另一个不同的个体中随机选择与 R_3 等长度的子序列。R_3 子序列是从当前序列中随机获得的，子序列 R_3 和 R_3' 的长度在 $[1,L]$ 之间(L 表示 RNA 链长度)。置换操作示意图如图 3.1 所示。

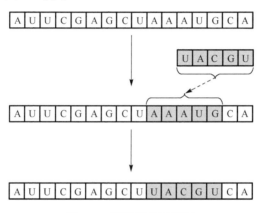

图 3.1　置换操作示意图

置换操作与传统两点交叉操作有点类似，都是用另一个个体的等长片段替代当前个体的某一片段。不同的是，传统遗传算法的交叉操作要求被替换的片段与替换的片段在个体中的位置是相对应的，而在本章提出的新的置换操作中则没有这一要求，只要求片段长度相等。

(2)RNA 茎环操作：在某些条件下当一个 RNA 序列的两端互相靠近时，它的两端会互相连接形成一个环状结构[6](生物学上把该类环叫作茎环)。当外部某些条件发生变化时，茎环会在一个随机点上发生断裂，重新形成一个链状结构。显然，新形成的链与原来的链具有相等的长度，并且每种碱基总和也与原来个体相等，只是碱基的排列顺序发生了变化。本章设计的茎环操作示意图如图 3.2 所示。

在本章算法中，为了减小算法参数设置的复杂性，将置换操作和茎环操作的概率都设为 1。置换操作需要两个父代个体参与，产生两个新个体。而茎环发生在单个个体内部，每次能产生一个新个体。由于交叉操作只针对最好的 $N_{pop}/2$ 个"中性个体"进行，通过交叉操作一共可以产生 N_{pop} 个新个体。交叉操作产生的新个体采取非替换方式加入种群中。因此经过交叉操作，种群中共有 $2N_{pop}$ 个个体，种群规模扩大了一倍。

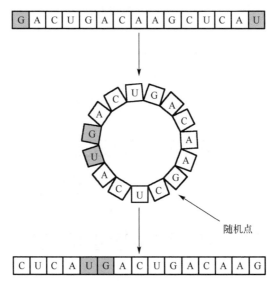

图 3.2　茎环操作示意图

3.2.5　变异操作

本章的变异操作与基本遗传算法的相同，即当某位发生变异时，用一个随机产生的不同的碱基来代替当前位的碱基。本章算法采用了 2.2.4 节的自适应变异概率和参数值。交叉操作后种群中的所有个体都按照概率参加变异操作，变异操作产生的新个体直接替代原来的个体，因此变异操作不会改变种群规模。

3.2.6　简单局部搜索

遗传算法的局部搜索能力弱，为了提高算法的局部搜索性能，在当前代得到的最优解附近进行局部搜索。由于算法采取了精英保留策略，当前的最优解必然优于或等于上一代的最优解。本章所采用的局部搜索描述如下：每一代运行结束后把当代最优解同上一代的最优解进行比较，如果相等，则说明最优解是同一个，无须局部搜索。如果不相等则说明最优解发生了变化需要启动局部搜索程序。本章的局部搜索策略是随机选取当前最优解附近的几个点进行适应度函数值比较，并用这几个点中适应度函数值最高的点替代该最优解。该局部搜索算法只在最优解发生变化的情况下启动，而且算法简单，所增加的计算量是非常有限的。

3.2.7 srRNA-GA 的实现步骤

根据上述策略和遗传操作，本章提出的 srRNA-GA 流程如图 3.3 所示，其算法步骤描述如下。

步骤 1：设置算法的运行参数，初始化一个含 N_{pop} 个候选个体的初始种群。

步骤 2：将种群中的个体进行解码并计算每个个体的适应度函数值。

步骤 3：选择最好的 $N_{pop}/2$ 个个体为"中性个体"，最差的 $N_{pop}/2$ 个个体为"不良个体"，用选择操作组成下一代种群。

步骤 4：用相似剔除策略对下一代种群中的个体进行筛选。如果 $g_{j,k} \leqslant \xi$，则剔除某个个体并随机产生一个新个体以保证种群规模不变。

步骤 5：对交叉池中的"中性个体"采用置换操作和茎环操作来产生新个体并直接添加到种群中。

步骤 6：对交叉池中的所有个体执行变异操作，变异后的个体直接替代父个体以保证变异操作不改变交叉池中个体的数量。

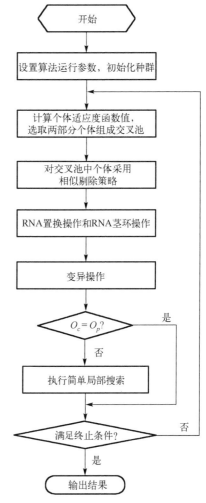

图 3.3 srRNA-GA 算法流程图

步骤 7：判断当代最优值 O_c 是否等于上代最优值 O_p，如果不相等，则执行简单局部搜索，否则转到步骤 8。

步骤 8：判断是否满足终止条件，如果满足则停止运行，输出结果，否则重复步骤 2～步骤 8。

3.3　测试函数寻优实验

3.3.1　测试函数

为了验证本章所提出算法的有效性，选取了与 2.4.1 节相同的 5 个有代表性的无约束测试函数，其中，f_4 函数的最优点采用了第 2 章计算的结果，即最优点为 $(-488.63, 512)$，最优值为 -511.7329。

这 5 个测试函数的三维图像如图 2.2～图 2.6 所示。

3.3.2　实验结果和分析

针对这 5 个测试函数，分别采用本章的 srRNA-GA 与文献[1]的 RNA-GA 以及标准的遗传算法（SGA）进行寻优比较，其中，srRNA-GA 的参数设置为：种群规模 $N_{pop} = 60$，每个变量的编码长度为 10，置换操作概率 $P_p = 1$，茎环操作概率 $P_s = 1$。SGA 参数设置为：种群规模为 60，采用均匀交叉操作，交叉概率 $P_c = 0.8$，变异概率 $P_m = 0.05$。RNA-GA 的参数设置参考 2.4.2 节或文献[1]。剔除策略中适应度函数值与欧氏距离的权重为 $\omega_1 = 1$，$\omega_2 = 1$。对每个测试函数都独立运行 100 次，算法的终止条件为满足下面两个条件之一：

①迭代次数达到 2000；

②当前最优值 x^* 跟已知最优值 x^M 足够接近，即 $\left\| x^M - x^* \right\| < 10^{-10}$。

最终的种群分布与随机搜索算法的性能密切相关，分别使用 srRNA-GA 和 RNA-GA 的函数 f_1 和 f_2 的最终种群分布结果如图 3.4～图 3.7 所示。从图中可以看出，srRNA-GA 的最终种群分布的多样性具有明显的优势。函数 f_1 的情形：即使在进化的最后阶段，srRNA-GA 的种群还是比较均匀地分布在整个搜索空间，而 RNA-GA 算法则基本上都集中在局部区域。函数 f_2 的情形：尽管 RNA-GA 算法也能较好找到最优值，但它的最终种群分布说明其反欺骗能力不如 srRNA-GA 的强。

搜索速度和搜索精度是评价优化算法的另外两个重要指标。遗传算法是一类随机搜索算法，每次搜索的结果会有差别，因此多次运行结果的平均值和方差往往比某一次结果更有意义。图 3.8 是两个优化算法分别独立运行 100 次的函数 f_2 的平均收敛曲线，从图中可以看出尽管这两个算法最终都得到了满意的结果，但是 srRNA-GA 的收敛速度明显比 RNA-GA 的要快。srRNA-GA 与 RNA-GA 的优化结果和方差的比较如表 3.1 所示。为了说明本章算法的有效性，将文献[7]和文献[8]中算法的结果同 srRNA-GA 进行比较，如表 3.2 所示。测试函数寻优结果表明，srRNA-GA 在解的搜索精度、成功率以及稳定性方面都比其他的优化算法要好。

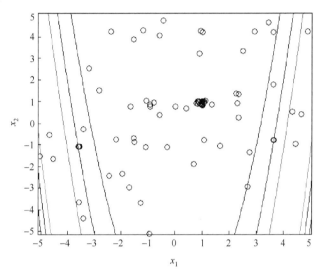

图 3.4　srRNA-GA 的 f_1 最终种群分布

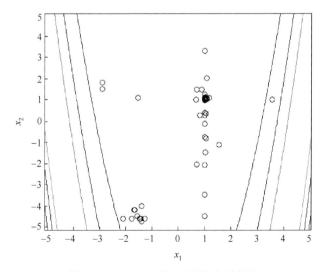

图 3.5　RNA-GA 的 f_1 最终种群分布

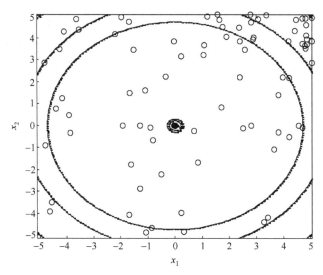

图 3.6　srRNA-GA 的 f_2 最终种群分布

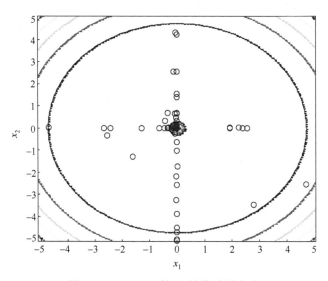

图 3.7　RNA-GA 的 f_2 最终种群分布

表 3.1　三种优化算法的寻优结果比较

方法	函数	最优值	最差值	平均值	成功率/%
	f_1	$3.25×10^{-9}$	$4.065×10^{-5}$	$4.598×10^{-6}$	100
SGA	f_2	$3.600×10^{3}$	$2.7488×10^{3}$	$3.416×10^{3}$	67
	f_3	-837.966	-719.527	-833.228	96

续表

方法	函数	最优值	最差值	平均值	成功率/%
SGA	f_4	−511.701	−463.419	−500.406	5
	f_5	5.849×10^{-8}	0.0271	0.0102	21
RNA-GA	f_1	8.336×10^{-9}	3.479×10^{-7}	8.570×10^{-7}	100
	f_2	3.600×10^3	3.600×10^3	3.600×10^3	100
	f_3	−837.966	−837.966	−837.966	100
	f_4	−511.733	−510.585	−511.613	32
	f_5	4.156×10^{-8}	0.0074	0.0020	76
srRNA-GA	f_1	1.0644×10^{-13}	6.2594×10^{-7}	6.3391×10^{-8}	100
	f_2	3.600×10^3	3.600×10^3	3.600×10^3	100
	f_3	−837.9656	−837.9648	−837.9651	100
	f_4	−511.7331	−510.5850	−511.658	43
	f_5	9.139×10^{-10}	0.0074	0.0012	90

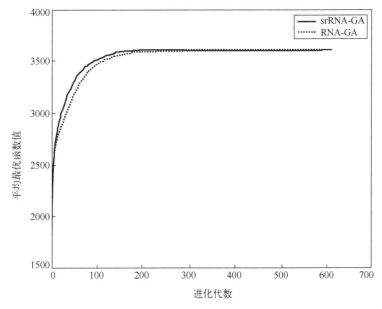

图 3.8　100 次 f_2 函数平均收敛曲线

表 3.2　不同的遗传算法的 f_1 函数寻优结果比较

方法	最优值	平均最优值	标准差
SSGA[7]	1.57592×10^{-10}	2.5781×10^{-3}	7.6389×10^{-3}
PfGA[7]	3.77082×10^{-11}	7.6235×10^{-4}	1.7286×10^{-3}

续表

方法	最优值	平均最优值	标准差
改进 GA[8]	6.30557×10^{-12}	1.2780×10^{-4}	2.2475×10^{-4}
srRNA-GA	1.0644×10^{-13}	6.3391×10^{-8}	3.5124×10^{-8}

上述结果表明受生物 RNA 分子特性和分子操作的启发设计新的遗传操作算子是提高遗传算法性能的有效途径，进一步的工作可以参考文献[8]的发夹 RNA 遗传算法和文献[9]的具有凸环交叉算子和病毒诱导变异算子的 RNA 遗传算法。

3.4　小　　结

本章提出了一种具有茎环操作的 RNA 遗传算法并将其用于求解无约束函数优化问题。该算法采用 RNA 碱基编码及与之对应的四进制编码方式，并设计了 RNA 置换操作和 RNA 茎环操作来代替传统遗传算法简单的交叉操作。本章所提出的相似个体剔除策略有效增强了种群多样性，有利于算法摆脱早熟收敛，跳出局部最优解。对五个典型的无约束测试函数的寻优结果表明，本章提出的算法在收敛精度、搜索成功率方面都具有更好的性能。

参 考 文 献

[1] Tao J L, Wang N. DNA computing based RNA genetic algorithm with applications in parameter estimation of chemical engineering processes[J]. Computers and Chemical Engineering, 2007, 31(12): 1602-1618.

[2] Chen X, Wang N. A DNA based genetic algorithm for parameter estimation in the hydrogenation reaction[J]. Chemical Engineering Journal, 2009, 150(2/3): 527-535.

[3] Chen X, Wang N. Modeling a delayed coking process with GRNN and double-chain based DNA genetic algorithm[J]. International Journal of Chemical Reactor Engineering, 2010, 8(1): 47-54.

[4] Chen X, Wang N. Optimization of short-time gasoline blending scheduling problem with a DNA based hybrid genetic algorithm[J]. Chemical Engineering and Processing, 2010, 49(10): 1076-1083.

[5] Wang K T, Wang N. A novel RNA genetic algorithm for parameter estimation of dynamic

systems[J]. Chemical Engineering Research and Design, 2010, 88(11): 1485-1493.

[6] 雷蒙德·F.格斯特兰德, 托马斯·R.切赫, 约翰·F.阿特金斯, 等. RNA 世界[M]. 郑晓飞, 译. 北京: 科学出版社，2007.

[7] Wang R L, Okazaki K. An improved genetic algorithm with conditional genetic operators and its application to set-covering problem[J]. Soft Computing, 2007, 11(7): 687-694.

[8] Zhu X, Wang N. Hairpin RNA genetic algorithm based ANFIS for modeling overhead cranes[J]. Mechanical Systems and Signal Processing, 2022, 165: 108326.

[9] Liu X, Wang N, Molina D, et al. A least square support vector machine approach based on bvRNA-GA for modeling photovoltaic systems[J]. Applied Soft Computing, 2021, (6): 108357.

第4章　受蛋白质启发的 RNA 遗传算法

4.1　引　　言

遗传算法是将优化问题变换到染色体空间，即首先把问题的候选解转化为对应的染色体，然后再在这个编码空间进行搜索。这使得遗传算法能摆脱优化问题本身的限制，具有广泛的适用性[1,2]。然而，传统的遗传算法存在一些不足，如局部搜索能力弱、容易早熟收敛以及二进制编码带来的海明悬崖等问题。因此，借鉴生物分子的编码和操作，采用基于碱基的编码和在生物分子层面设计遗传操作[3,4]，成为提高遗传算法性能的一个重要研究方向。

交叉操作是遗传算法最重要的遗传操作，也是遗传算法区别于其他优化算法的主要标志之一。交叉操作的结果直接影响到算法的搜索性能和效率。设计合适的交叉操作能有效提高遗传算法的寻优结果和效率。反之，则会降低算法的搜索性能和效率，甚至得不到最优解。为了提高遗传算法的搜索性能，研究者们对交叉操作做了很多改进，如提出了部分映射交叉算子[5]、基于优先权的交叉算子[6]、亲本为主交叉[7]、拉普拉斯交叉算子[8]、调和交叉算子[9]等。然而，这些交叉算子大都是针对实数编码而提出的，不能直接用于 RNA 遗传算法中。

本章提出了一种受蛋白质启发的 RNA 遗传算法(PIRNA-GA)[10]。通过受蛋白质分子生物特性启发来设计交叉操作，有效增强了算法抗早熟收敛能力和种群的多样性，提高了算法寻优性能。

4.2　PIRNA-GA

4.2.1　编码和解码

本章仍然以第 2 章的 RNA 碱基编码方式为基础，不同的是将 RNA 序列表示成氨基酸链。

在生物遗传信息编码中，一个三联体核苷酸决定一个氨基酸分子。由于本章算法将用到蛋白质分子折叠操作，因此，在本章的编码中，每个变量的编码长度要求为碱基数的三的整数倍，即将一个长度为 L 的 RNA 个体对应一个长度为 $L/3$ 的氨基酸序列，表示问题的一个候选解。在解码时，采用先将 RNA 链翻译为氨基酸链再转化为问题空间解的二次解码方式。生物系统中存在 20 种常见的能被密码子识别的氨基酸，存在不同的密码子决定同一个氨基酸的情况。这种生物特性会增加遗传算法的计算量，降低算法搜索效率。因此，本章算法把三联密码子与氨基酸种类之间的对应关系进行处理，使其实现一一对应。三联子一共有 64 种组合，因此采用 64 进制表示氨基酸链。本章的三联密码子和64 进制数之间的关系如表 4.1 所示。

表 4.1　三联密码子与 64 进制整数之间的关系

第一个碱基	第二个碱基				第三个碱基
	U	C	A	G	
U	0	4	8	12	U
U	1	5	9	13	C
U	2	6	10	14	A
U	3	7	11	15	G
C	16	20	24	28	U
C	17	21	25	29	C
C	18	22	26	30	A
C	19	23	27	31	G
A	32	36	40	44	U
A	33	37	41	45	C
A	34	38	42	46	A
A	35	39	43	47	G
G	48	52	56	60	U
G	49	53	57	61	C
G	50	54	58	62	A
G	51	55	59	63	G

在把 RNA 序列表示成氨基酸链以后，每个个体就转化成一个 64 进制链，该链的每一位的取值范围都在 [0,63] 之间。然后，再将得到的 64 进制链转化到变量的定义域区间即为问题的候选解。每个 RNA 链的长度是由待求解问题的变量个数和每个变量所需要的精度来决定的。如果问题含 n 个变量，每个变量

用 m 个 64 进制的整数表示，则每个 RNA 链个体的长度为 $l = 3 \times n \times m$。RNA 链到 64 进制氨基酸链的转化过程示意图如图 4.1 所示。

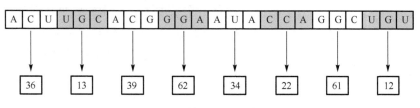

图 4.1　转化过程示意图

4.2.2　选择操作

在本章算法的选择操作中，首先将交配池中适应度函数值较大的 N_{best} 个个体定义为"中性个体"，把其余个体定义为"不良个体"。"中性个体"与"不良个体"共同构成了选择操作的"候选集合"。为了综合体现个体之间适应度函数大小和个体排序关系，本章定义了一个新的适应度函数，后面的锦标赛选择就以这个新的适应度函数值为依据。

$$F_i' = \alpha_1 \frac{F_i}{\displaystyle\sum_{i=1}^{M} F_i} + \alpha_2 \frac{R_i}{\displaystyle\sum_{i=1}^{M} R_i} \tag{4.1}$$

式中，M 是选择操作候选个体的数量，F_i 表示个体 i 的适应度函数值，R_i 表示个体 i 在当前候选集中的排序序号，α_1 和 α_2 分别为 F_i 和 R_i 权重因子（为了简化参数设置，一般选取 $\alpha_1 = \alpha_2 = 1$）。新适应度函数同时考虑了 F_i 和它们之间的排序关系。显然新的适应度函数不会改变候选解之间的排序关系而只是在这种排序关系上加入了普通适应度函数值的大小成分。在计算"候选集合"中每个个体的新适应度函数值 F_i' 后，根据 F_i'，采用锦标赛选择策略对个体进行选择操作。

通常保留更多适应度值高的"中性个体"能加速算法的进化，同时保留适当数量的"不良个体"能增强种群多样性，避免算法早熟收敛。为了解决保持种群多样性和加速收敛之间的矛盾与冲突，在对"候选集合"中的个体进行锦标赛选择过程中，对新适应度函数值进行动态调整，调整规则为：当某个个体 i 被复制时，如果该个体 i 属于"中性个体"，则不改变它的排序序号；如果该被选择个体属于"不良个体"，则希望该个体不再被频繁复制，而把更多的机会让给别的个体，因此将其排序序号减 1，即 $R_{i\text{new}} = R_i - 1$。这样，被复制后的"不良个体"新适应度函数值会减小。通过这种选择策略，可以在保留更多优良个体和保持种群多样性之间实现某种平衡。

4.2.3　交叉操作

交叉操作是模拟生物有性繁殖的一个过程，即子代的个体分别继承了父亲和母亲的一部分基因。交叉操作是遗传算法中最重要的遗传操作。为了更好地利用当前个体的有用信息使算法有更高的搜索效率和搜索性能，受生物分子从 RNA 到蛋白质的生物信息表达过程的启发，本章设计了新的交叉操作——RNA 再编辑操作和蛋白质折叠操作，具体过程描述如下。

（1）RNA 再编辑操作。

在生物学里，在从 RNA 翻译成蛋白质之前，RNA 链通常会改变形态来修正复制误差，这个修正过程就叫作 RNA 再编辑[11]。模拟这种生物现象，本章设计的 RNA 再编辑操作如图 4.2 所示。

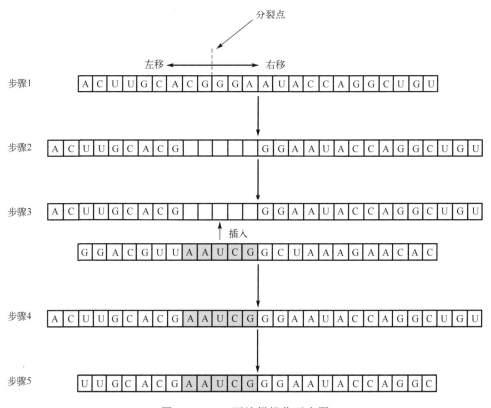

图 4.2　RNA 再编辑操作示意图

当前的 RNA 个体在一个随机点分裂为两部分，左半部分左移 n_1 步，右半部分右移 n_2 步。随后将另一个随机选择的 RNA 个体对应位置的碱基链插入其中间的空缺处。为了保持个体长度一致，超出个体长度的前面和后面的部分被切除舍弃。

(2)蛋白质折叠操作。

在生物学中，当 RNA 链翻译成蛋白质链以后，整个翻译过程并没有全部完成，还会发生一些别的生物操作，如蛋白质修饰和折叠操作等[11]。蛋白质折叠可以分成两类：个体内自折叠和个体间互相折叠。个体间互相折叠发生在两个或两个以上的蛋白质分子之间，而蛋白质自折叠则发生在单个蛋白质分子内部。

①互折叠操作：两个氨基酸链互相折叠靠近，进而发生相互交流和相互影响。也就是说，属于不同个体的某些氨基酸相互之间通过折叠建立了某种联系并发生作用。本章算法设计的蛋白质折叠的相互作用表现为：对于两个相互影响的碱基来说，如果它们是相同的，则分别用新的不同于它们俩的碱基替代。如果它们为不相同碱基，则直接发生交换。互折叠操作的详细示意图如图 4.3 所示。

由图 4.3 可知，两个链的第 5 个和第 13 个氨基酸是相互影响的，以第 13 个为例进行分析。两个链的第 13 个氨基酸原来的碱基分别是 GAU 和 GGG。这两个氨基酸的第一个碱基是相同的，均为 G，则用两个不同的、随机产生的碱基 U 和 A 来代替。由于第二个和第三个核苷酸是不相同的，则直接交换它们的位置。

②自折叠操作：一个个体内部的氨基酸链发生折叠从而产生相互影响和作用，其作用机理和互折叠是相同的，即如果发生作用的碱基相同则用随机的不同的碱基进行替换；如果碱基不同则直接交换这两个碱基的位置。自折叠操作示意图如图 4.4 所示。

随机搜索算法不能保证算法子代的最优解总是比父代的更好，为了防止算法出现退化，算法中采用了精英保留策略。在整个交叉过程中，采用不替换策略，即新产生的新个体直接加入种群中，而不替代父个体。执行交叉操作后，种群中个体数量会增加。为了使 RNA 再编辑操作在算法中的作用更大，对 RNA 再编辑操作赋予比蛋白质折叠操作更大的概率。

为了减少计算量并控制种群规模在一定的范围，算法中设置蛋白质折叠操作只发生在没有执行 RNA 再编辑操作的个体中。为简单起见，可设置蛋白质自折叠与蛋白质互折叠概率相等，即 $P_{\text{mutual-folding}} = P_{\text{self-folding}}$。因此原来种群中的每个个体在交叉操作阶段都会执行且仅执行一个操作。初始种群规模是 N_{pop}，则执行完交叉操作以后，种群个体数量变成 $2N_{pop}$。

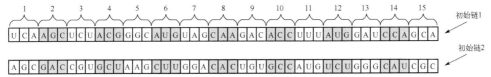

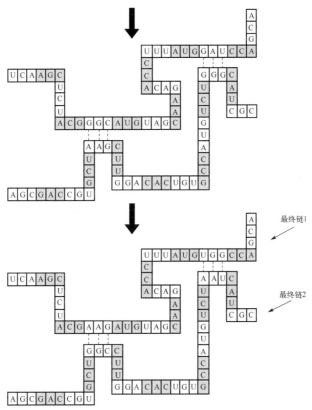

图 4.3　蛋白质互折叠操作示意图

4.2.4　变异操作

当遗传算法陷入局部极值时，变异操作能帮助算法跳出该局部极值，使算法朝着全局最优点前进。本章算法中的变异操作与传统遗传算法的变异操作类似，即在变异位用一个不同的碱基来代替当前的碱基。变异操作概率对算法搜索性能有较大影响。通常，在算法的初始阶段，种群的多样性比较好，一个比

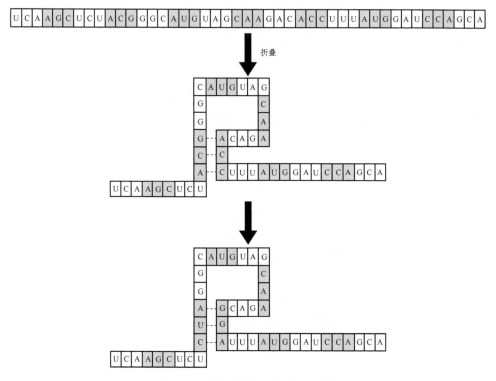

图 4.4　蛋白质自折叠操作示意图

较小的变异概率就足够了。在进化后期，由于种群多样性变差，设置一个较大的变异概率能帮助算法摆脱局部极值。基于以上分析，本章算法采用了一种自适应变异概率，变异概率大小随进化代数而做出适当的调整。该自适应变异概率如式 (4.2) 所示。

$$P_m = a_1 + \frac{a_2}{1 + e^{\frac{a_3 - g}{a_4}}} \tag{4.2}$$

式中，a_1, a_2, a_3, a_4 是常数，g 是当前进化代数，常数 a_1 表示算法初始阶段变异概率的最小值，常数 a_2 表示变异概率的变化区间范围，a_3 表示变异概率曲线斜率最大点的进化代数，a_4 表示 a_3 点的斜率值。本章算法设置变异概率参数为：$a_1 = 0.1$，$a_2 = 0.1$，$a_3 = 0.5 \times G_{\max}$，$a_4 = 0.1 \times G_{\max}$，其中，$G_{\max}$ 是算法的最大迭代次数。当 $G_{\max}$ 等于 1000 时的自适应变异概率曲线如图 4.5 所示。

　　交叉操作后种群中的所有个体依据变异概率执行变异操作。变异产生的新个体直接代替父个体。因此，执行变异操作以后，种群中个体数依然为 $2N_{\mathrm{pop}}$。

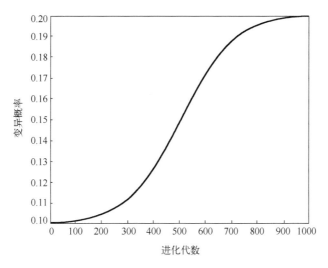

图 4.5　PIRNA-GA 变异概率变化曲线

4.2.5　PIRNA-GA 算法的实现

运行 PIRNA-GA 算法时，首先初始化种群规模为 N_{pop} 的初始种群，然后执行交叉操作和变异操作来提高个体的适应度值。在每一代运行结束后，选择个体组成子代种群。算法不断迭代直到满足终止条件输出结果。本章提出的 PIRNA-GA 的流程图如图 4.6 所示，其实现步骤描述如下。

步骤 1：设置算法的运行参数，初始化一个含 N_{pop} 个个体的初始种群。

步骤 2：计算个体的适应度函数值，将种群中的个体分成"中性个体"和"不良个体"两组。

步骤 3：根据本章提出的新的适应度函数值，采用锦标赛选择，在"候选集合"中选择 N_{pop} 个个体组成下代种群。

步骤 4：判断是否满足 RNA 再编辑操作的条件，如果满足，则执行 RNA 再编辑操作，然后转到步骤 6；否则直接转到步骤 5。

步骤 5：判断个体是否满足蛋白质互折叠操作条件，如果满足则执行蛋白质自折叠操作；否则执行蛋白质自折叠操作。

步骤 6：对上述操作产生的所有种群中的个体根据变异概率执行变异操作。

步骤 7：判断是否满足算法终止条件，如果满足则停止算法运行，输出最终结果；否则重复步骤 2～步骤 6。

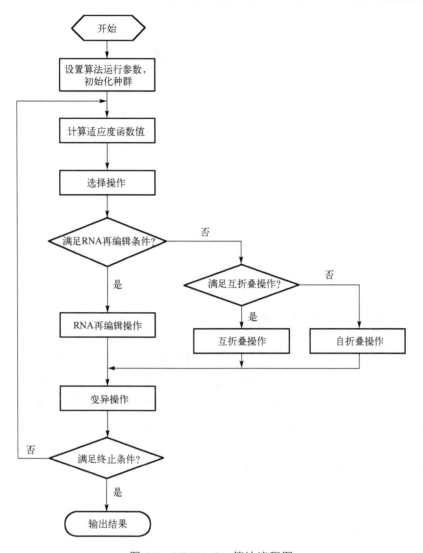

图 4.6　PIRNA-GA 算法流程图

4.3　测试函数寻优实验

4.3.1　测试函数

为了检验本章算法性能，选择文献[12, 13]中的 7 个典型的无约束测试函数进行寻优实验，如表 4.2 所示。这 7 个测试函数包含了众多优化问题的典型特性，其中，函数 $f_1 \sim f_3$ 是二维的测试函数，函数 $f_4 \sim f_7$ 是十维的测试函数（D=10）。

表 4.2　测试函数

测试函数	取值范围	最优值
$f_1 = 100(x_1^2 - x_2)^2 + (1 - x_1)^2$	$-2.048 \leqslant x_i \leqslant 2.048$	0
$f_2 = 0.5 + \dfrac{\left(\sin\sqrt{x_1^2 + x_2^2}\right)^2 - 0.5}{1.0 + 0.001(x_1^2 + x_2^2)^2}$	$-100 \leqslant x_i \leqslant 100$	0
$f_3 = (x_1^2 + x_2^2)^{0.25}[\sin^2(50(x_1^2 + x_2^2)^{0.1}) + 0.1]$	$-100 \leqslant x_i \leqslant 100$	0
$f_4 = -\sum_i^D x_i \sin\left(\sqrt{|x_i|}\right)$	$-500 \leqslant x_i \leqslant 500$	$-418.9829 \times D$
$f_5 = \sum_i^D [x_i^2 - 10\cos(2\pi x_i) + 10]$	$-5.0 \leqslant x_i \leqslant 5.0$	0
$f_6 = -20\exp\left(-0.2\sqrt{\dfrac{1}{N}\sum_{i=1}^D x_i}\right)^2$ $-\exp\left(\dfrac{1}{N}\sum_{i=1}^D \cos(2\pi x_i)\right) + 20 + e$	$-100 \leqslant x_i \leqslant 100$	0
$f_7 = \dfrac{1}{4000}\sum_{i=1}^D x_i^2 - \prod_{i=1}^D \cos\left(\dfrac{x_i}{\sqrt{i}}\right) + 1$	$-50 \leqslant x_i \leqslant 50$	0

函数 f_1 是著名的 Rosenbrock 函数，该函数是一个典型的非线性可分函数，其图像是马鞍形的，唯一的最小值在马鞍形底部的狭窄区域，想要准确地找到其最优值有一定难度。函数 f_2 的最优值位于搜索区域的中心，并且在最优点的周围对称地分布着多个局部极值，要克服这些局部极值点的欺骗，找到该函数的最优值是相当困难的。函数 f_3 为一个拥有很多局部极值点的函数。函数 f_4 为 Schwefel 函数，该函数是一个多峰的测试函数，其最优值位于搜索区域的边界上，距离其局部最优值很远，因此，一旦算法陷入局部极值就很难再跳出来。函数 f_5 是 Rastrigin 函数，该函数具有很强的欺骗性，经常被用来测试算法的反欺骗能力。函数 f_6 是 Ackley 函数，为多模态不可分函数。函数 f_7 是 Griewank 函数，该函数拥有非常多的局部最值点，找到其全局最优值非常困难。

4.3.2　计算结果与分析

为了将本章的寻优结果与文献中的进行比较，设置所有函数的独立运行次数与文献[12, 13]中的运行次数相同，即独立运行 30 次。PIRNA-GA 算法的参数设置为：种群规模 $N_{pop}=80$ ，RNA 再编辑操作的概率 $P_{RNA\text{-}recoding}=0.8$ ，
$P_{mutual\text{-}folding}=P_{self\text{-}folding}=0.1$ ，"优良个体"的个体数量 $N_{best}=10$ ，最大迭代次数为
$G_{max}=5000$ 。

评价一种随机优化算法，除了要检验算法所能得到的最优解，还要考察多
次搜索的平均结果和方差等指标，这些指标能够体现算法的稳定性和鲁棒性。
使用本章提出的 PIRNA-GA 对二维函数 $f_1 \sim f_3$ 的 30 次独立运行得到的最优值、
平均最优值和方差如表 4.3 所示。将文献中用其他算法得到的这 3 个函数的寻
优结果也一起列于表 4.3 中，函数 $f_4 \sim f_7$ 的对比结果列于表 4.4 中。从表 4.3 可
以看出：PIRNA-GA 的函数 $f_1 \sim f_3$ 计算结果要明显优于文献中 SSGA、PfGA 和
IGA 算法的结果。尤其是对函数 f_2 ，PIRNA- GA 每次都能准确地找到全局最优
解。平均结果和方差是评价搜索算法鲁棒性的重要评价指标，从表 4.3 可以看
出，对于二维函数 $f_1 \sim f_3$ ，PIRNA-GA 的这两个指标要明显优于其他改进的遗
传算法。对于高维函数 f_4 ，PIRNA-GA 得到最优值为-4189.7、平均值为-4185.8，
该结果也比其他算法的更好。虽然 PIRNA-GA 的函数 f_4 的方差比 flh-aGA 要稍
差一点，但是其最优值和平均值比其他算法的要好很多，因此总体而言 PIRNA-
GA 还是有明显优势。函数 $f_5 \sim f_7$ 的结果分析也说明了这一结论。

表 4.3　函数 $f_1 \sim f_3$ 计算结果

方法	函数	最优值	平均值	方差
SSGA[12]	f_1	1.57592×10^{-10}	2.5781×10^{-3}	7.6389×10^{-3}
	f_2	6.94578×10^{-12}	1.7474×10^{-3}	3.6466×10^{-3}
	f_3	1.86689×10^{-3}	1.5436×10^{-2}	9.8162×10^{-3}
PfGA[12]	f_1	3.77082×10^{-11}	7.6235×10^{-4}	1.7286×10^{-3}
	f_2	2.77778×10^{-13}	6.5457×10^{-3}	5.2392×10^{-3}
	f_3	8.18957×10^{-4}	3.6606×10^{-2}	4.0253×10^{-2}
IGA[12]	f_1	6.30557×10^{-12}	1.2780×10^{-4}	2.2475×10^{-4}
	f_2	2.77556×10^{-13}	9.4619×10^{-3}	1.8021×10^{-2}
	f_3	7.30713×10^{-4}	7.3071×10^{-4}	0
PIRNA-GA	f_1	4.0107×10^{-21}	3.4376×10^{-8}	1.7935×10^{-7}
	f_2	0	0	0
	f_3	1.8461×10^{-8}	1.1×10^{-3}	1.2×10^{-3}

表 4.4　函数 $f_4 \sim f_7$ 计算结果

方法	函数	最优值	平均值	方差
flh-aGA[13]	f_4	−4166.058	−4151.103	0.0045
	f_5	3.181	5.366	0.0537
	f_6	11.88	13.539	0.1353
	f_7	0.041	0.090	0.0009
stGA[13]	f_4	—	−4178.400	—
	f_5	—	3.020	0.0302
	f_6	—	12.970	0.1297
	f_7	—	0.087	0.0009
atGA[13]	f_4	−4181.433	−4157.679	—
	f_5	1.520	2.855	0.0285
	f_6	7.266	9.492	0.0949
	f_7	0.038	0.076	0.0008
PIRNA-GA	f_4	−4189.7	−4185.8	13.6558
	f_5	5.93668×10^{-7}	0.967286	1.186335
	f_6	6.34952×10^{-4}	0.091424	0.21590
	f_7	6.28619×10^{-8}	0.069948	0.038790

　　进化过程的种群分布情况不是搜索算法的考察目标，但是种群分布情况与算法性能密切相关。种群多样性好说明该算法有较好的全局搜索和反欺骗能力。反之则算法很容易陷入局部极值。PIRNA-GA 对二维函数 $f_1 \sim f_3$ 寻优的种群分布的实验结果如图 4.7～图 4.12 所示。

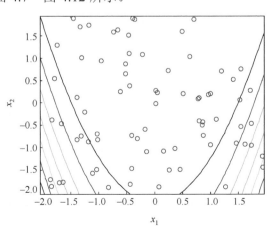

图 4.7　函数 f_1 初始种群分布

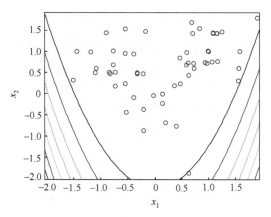

图 4.8　函数 f_1 最终种群分布

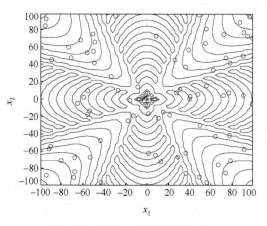

图 4.9　函数 f_2 初始种群分布

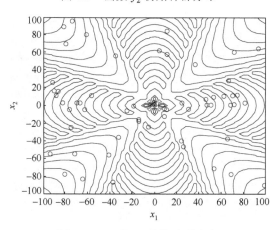

图 4.10　函数 f_2 最终种群分布

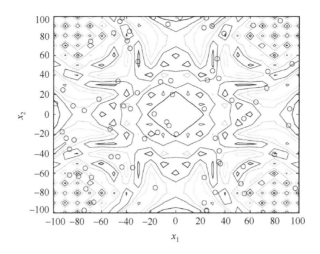

图 4.11 函数 f_3 初始种群分布

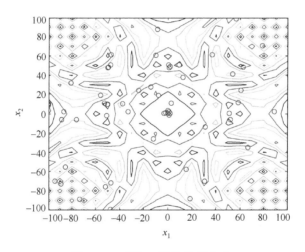

图 4.12 函数 f_3 最终种群分布

初始种群是随机产生的，从图 4.7～图 4.12 中可以看出初始个体均匀地分布在整个搜索空间。随着算法的运行，越来越多的个体向最优解附近移动，并最终停留在最优解附近。从最终种群分布图上可以看出，一部分个体找到了最优值，在最优值附近小区域外还比较均匀地分布着其余个体，这些个体对避免早熟收敛或跳出局部最优值是非常有用的。

收敛速度是评价随机搜索算法效率的一个重要指标。PIRNA-GA 优化函数

f_4 和 f_5 的收敛曲线如图 4.13 和图 4.14 所示。从收敛曲线可以看出，PIRNA-GA 在 1000 代以内就使 10 维的测试函数 f_4 和 f_5 收敛到全局最优值附近。尤其对于函数 f_4，只用了 400 代就几乎找到了全局最优解。

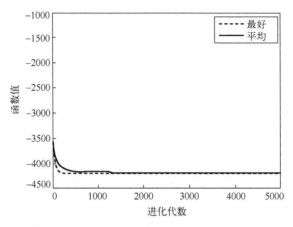

图 4.13   函数 f_4 收敛曲线

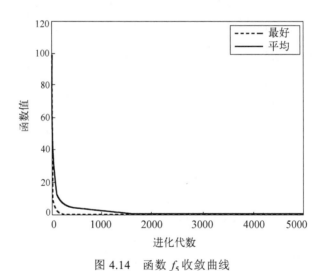

图 4.14   函数 f_5 收敛曲线

4.4　小　　结

本章提出了一种受蛋白质启发的 RNA 遗传算法，该算法通过模拟生物分子操作设计了 RNA 再编辑和蛋白质折叠操作来替代传统遗传算法简单的遗传操作，有效提高了遗传算法的寻优性能和搜索效率。对典型的非线性无约束测试函数的寻优结果表明该算法在解的质量、收敛速度和最终种群分布上都有显著的优势。

参 考 文 献

[1] Holland J H. Adaptation in Natural and Artificial Systems[M]. Ann Arbor: The University of Michigan Press, 1975.

[2] Eiben A E, Smith J E. Introduction to Evolutionary Computing[M]. Berlin: Springer-Verlog, 2003.

[3] Tao J L, Wang N. DNA computing based RNA genetic algorithm with applications in parameter estimation of chemical engineering processes[J]. Computers and Chemical Engineering, 2007, 31(12): 1602-1618.

[4] Chen X, Wang N. A DNA based genetic algorithm for parameter estimation in the hydrogenation reaction[J]. Chemical Engineering Journal, 2009, 150(2/3): 527-535.

[5] Ting C K, Su C H, Lee C N. Multi-parent extension of partially mapped crossover for combinatorial optimization problems[J]. Expert Systems with Applications, 2010, 37(3): 1879-1886.

[6] Lu H Y, Fang W H. Joint transmit/receive antenna selection in MIMO systems based on the priority-based genetic algorithm[J]. IEEE Antennas & Wireless Propagation Letters, 2007, 6: 588-591.

[7] García-Martínez C, Lozano M, Herrera F, et al. Global and local real-coded genetic algorithms based on parent-centric crossover operators[J]. European Journal of Operational Research, 2008, 185(3): 1088-1113.

[8] Deep K, Thakur M. A new crossover operator for real coded genetic algorithms[J]. Applied Mathematics & Computation, 2007, 188(1): 895-911.

[9] Tohka J, Krestyannikov E, Dinov I D, et al. Genetic algorithms for finite mixture model based voxel classification in neuroimaging[J]. IEEE Transactions on Medical Imaging, 2007, 26(5): 696-711.

[10] Wang K T, Wang N. A protein inspired RNA genetic algorithm for parameter estimation in hydrocracking of heavy oil[J]. Chemical Engineering Journal, 2011, 167(1): 228-239.

[11] Clark D P. Molecular Biology: Understanding the Genetic Revolution[M]. New York: Academic Press, 2005.

[12] Wang R L, Okazaki K. An improved genetic algorithm with conditional genetic operators and its application to set-covering problem[J]. Soft Computing, 2007, 11 (7): 687-694.

[13] Lin L, Gen M. Auto-tuning strategy for evolutionary algorithms: Balancing between exploration and exploitation[J]. Soft Computing, 2009, 13 (2): 157-168.

第5章　信息熵动态变异概率的 RNA 遗传算法

5.1　引　　言

在进化过程中，生物的染色体的某些基因会发生变化，产生不同于父代个体的新的性状。遗传算法的变异操作可模拟这一生物进化中的基因变异行为，当个体某一位或某些位发生变异时，该染色体就会变异成为一个不同的染色体。变异操作可以提高遗传算法的种群多样性，抑制早熟收敛。当算法陷入局部极值时，合理的变异操作能使算法跳出局部极值。

变异概率是影响变异操作性能的主要因素。变异概率过小，种群中发生变异的位数过少，变异操作的作用就减弱。变异概率过大，则有可能使种群失去原有的优良个体，遗传算法会陷入一种盲目的跳变搜索状态，从而影响算法的收敛性。因此，如何设置一个合适的变异概率是应用遗传算法的关键问题之一。

一般而言，遗传算法通常采用固定的变异概率，即在整个进化过程中，变异概率值保持一个常数。为了提高遗传算法的性能，根据进化后期比进化初期需要更大变异概率的观点，研究者们提出了一些变异概率自适应设定方法[1-3]。但是这些方法都存在共同的弊端：变异概率的设定只考虑了进化代数因素，没有考虑实际种群中个体的分布情况。

在信息论中，信息熵越高表明信号不确定性越大，所含信息量越大[4]。对系统而言，一个系统越混沌无序，则该系统信息熵越大。相反，一个系统有序则信息熵相对较小[5,6]。受信息论中信息熵概念的启发，本章提出了一种信息熵动态变异概率的 RNA 遗传算法(edmpRNA-GA)[7]。在采用 RNA 碱基编码和RNA 分子操作的基础上，用信息熵来动态调整每一位的变异概率，以提高遗传算法的搜索性能。测试函数的寻优结果表明本章所提出的 edmpRNA-GA 显著提高了搜索的精度。

5.2　edmpRNA-GA

5.2.1　编码方式

本章采用了第 2 章所述的 RNA 碱基编码方式。种群中的每个个体用 A、U、G、C 四种碱基组成的 RNA 链表示。编码空间可以表示为 $E = \{A, U, G, C\}^L$，L 表示 RNA 链的长度。为了便于计算机处理，采用四进制编码 $E' = \{0, 1, 2, 3\}^L$ 来代替 $E = \{C, U, A, G\}^L$。对应关系为：0 对应碱基 C，1 对应碱基 U，2 对应碱基 A，3 对应碱基 G。通过这种对应关系，就可以把一个问题的候选解转化为一个四进制整数链。基于 RNA 碱基的四进制编码详见 2.2.1 节。

5.2.2　选择操作

选择操作根据当代种群个体适应度函数值，选择适当个体组成下一代种群。通常，适应度函数值较高的个体拥有更大的生存机会，即被保留到下一代的机会更大。在本章算法中，采用了轮盘赌选择方法，个体被选择的概率与该个体适应度函数值成正比。在遗传算法的进化过程中，由于选择、交叉、变异等操作的随机性，有可能使算法失去已经找到的最优值。为了避免算法由于失去已经得到最优值而出现退化现象，本章算法中采用了精英保留策略。精英保留策略就是在选择操作中把当前种群中的最优个体直接复制到下一代中，由此可以保证后代最优解至少不会比当前最优解差。

5.2.3　交叉操作

edmpRNA-GA 交叉操作采用了第 4 章的 RNA 再编辑操作和蛋白质折叠操作，其中，蛋白质折叠操作包括蛋白质自折叠操作和蛋白质互折叠操作。三种操作的详细描述详见 4.2.3 节。

5.2.4　变异操作

在遗传算法中，通常认为交叉操作是最主要的操作，其发挥的作用也最大。一些学者认为交叉操作比变异操作对遗传算法性能的影响更大[8-11]。Eshelman

等也认为单纯依靠变异操作不能取得很好的优化性能[12]。然而交叉操作只能继承父辈的基因，不能产生父母以外的新基因。单纯依靠交叉操作不能使算法摆脱早熟收敛。然而变异操作能给个体引入新的基因，有利于算法摆脱早熟收敛，跳出局部最优值。因此变异操作在遗传算法中具有不可缺少的独特地位。本章的变异操作为在变异位用一个不同的碱基来代替当前碱基。

变异概率的取值对变异操作的作用有直接的影响，如果变异概率过小，则变异操作的作用降低。相反，如果变异概率过大，则算法会陷入一个大范围的随机跳变搜索状态，不利于算法收敛。遗传算法变异概率的设置通常与种群多样性有关，在算法运行的初期，由于有较好的种群多样性，此时为了更好地发挥交叉操作的作用，加速收敛，可设置一个较小的变异概率。随着算法的运行，种群中的个体迅速趋同，种群多样性也随之变差，此时需要设置较大的变异概率，使算法摆脱局部极值点，进一步提高解的质量。本章设计了一种利用信息熵来度量种群多样性，进而指导变异概率动态变化的方法。

借鉴信息熵对系统有序程度的度量原理，本章将其用于对 RNA 遗传算法种群离散程度的度量，并以此为依据来动态调整变异概率。如果种群信息熵大，则说明种群多样性较好，可以设置较小的变异概率，如果信息熵小，则说明种群多样性差，需要设置较大的变异概率。

假设种群中每个个体长度为 L，种群中任意一个个体可以表示为 $S = s_1 s_2 \cdots s_L$，则定义当前种群个体第 i 位的信息熵为

$$H(i) = -(N_i(\text{A})P_i(\text{A})\log_2(P_i(\text{A})) + N_i(\text{U})P_i(\text{U})\log_2(P_i(\text{U}))$$
$$+ N_i(\text{G})P_i(\text{G})\log_2(P_i(\text{G})) + N_i(\text{C})P_i(\text{C})\log_2(P_i(\text{C}))), \quad 0 < i \leqslant L \quad (5.1)$$

式中，$P_i(X)$ 表示当前种群中所有个体第 i 位出现元素 X 的概率，$N_i(X)$ 表示当前种群中第 i 位出现元素 X 的个数。假设种群规模为 Size，则上述信息熵公式可以变化为

$$H(i) = -\left(\frac{N_i^2(\text{A})}{\text{Size}}\log_2\left(\frac{N_i(\text{A})}{\text{Size}}\right) + \frac{N_i^2(\text{U})}{\text{Size}}\log_2\left(\frac{N_i(\text{U})}{\text{Size}}\right) \right.$$
$$\left. + \frac{N_i^2(\text{G})}{\text{Size}}\log_2\left(\frac{N_i(\text{G})}{\text{Size}}\right) + \frac{N_i^2(\text{C})}{\text{Size}}\log_2\left(\frac{N_i(\text{C})}{\text{Size}}\right) \right), \quad 0 < i \leqslant L \quad (5.2)$$

从信息熵公式可以得到，当种群中该位的元素都相同时，该位离散程度最小，信息熵值最小等于零。而且，随着该位拥有的元素种类增多，各元素的数量增大，信息熵增大。因此，用信息熵来衡量种群中个体每一位的离散程度是比较合理的一种方法。

根据种群中每一位的信息熵值，设置动态变异概率为

$$P_m(i) = P_{\max} - \frac{P_{\max} - P_{\min}}{H_{\max} - H_{\min}} \times H(i) \qquad (5.3)$$

式中，$P_{\max}$、$P_{\min}$ 为常数表示变异概率的最大值与最小值，该取值决定了变异概率的变化范围。$H_{\max}$、$H_{\min}$ 表示信息熵的最大值和最小值。假设动态概率的变化范围为 $[0.01, 0.2]$，即 $P_{\min} = 0.01$，$P_{\max} = 0.2$，种群规模 Size $= 80$，$H_{\max} = 38$ 时，动态变异概率与信息熵之间的关系曲线如图 5.1 所示。

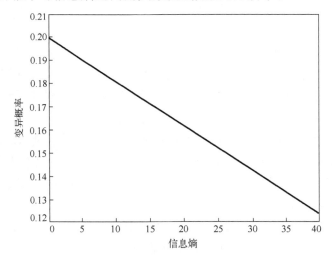

图 5.1　变异概率随信息熵变化曲线

5.2.5　edmpRNA-GA 算法实现过程

运行本章的 edmpRNA-GA 算法时，首先根据碱基编码初始化种群，随后采用交叉、变异等操作对种群个体进行变换，每一代结束后，判断是否满足终止条件，如不满足则选择适当的个体组成下代种群开始下代操作。该算法的流程图如图 5.2 所示，其实现步骤如下。

步骤 1：设置算法的运行参数，初始化一个含 N_{pop} 个个体的初始种群。

步骤 2：计算个体的适应度函数值。

步骤 3：采用选择操作从初始种群或上代种群中复制 N_{pop} 个个体组成当代种群。

步骤 4：判断是否满足 RNA 再编辑的条件，如果满足，则执行 RNA 再编辑操作，然后转到步骤 6；否则直接转到步骤 5。

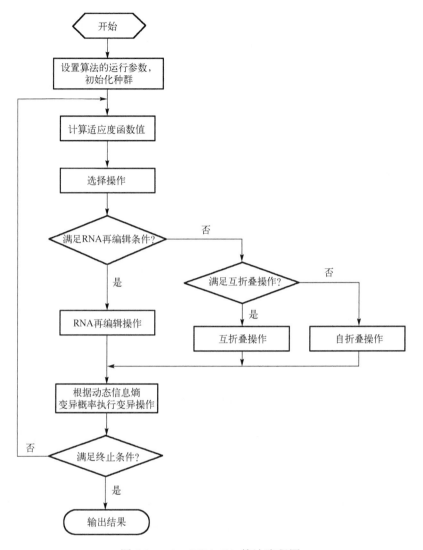

图 5.2 edmpRNA-GA 算法流程图

步骤 5：判断个体是否满足蛋白质互折叠条件，如果满足则执行蛋白质互折叠操作；否则执行蛋白质自折叠操作。

步骤 6：对所有交叉池中的个体根据变异概率执行变异操作。

步骤 7：判断是否满足算法终止条件，如果满足则停止算法运行，输出最终结果；否则重复步骤 2～步骤 6。

5.3　约 束 处 理

前面各章提出的 RNA 遗传算法都是用于求解无约束优化问题，而现实中的优化问题大多数是具有约束的。遗传算法处理约束问题的方法主要有罚函数法、修复法、特殊表示和操作法等。罚函数法是最常见且最为有效的一种约束处理方法。罚函数法就是在违反约束条件时，通过给目标函数增加惩罚项，把一个具有约束的优化问题转化为一个无约束优化问题进行求解。通常，非线性约束优化问题可以表示为

$$
\begin{aligned}
\min\quad & f(\boldsymbol{x}) \\
\text{s.t.}\quad & g_i(\boldsymbol{x}) \leqslant 0, \quad i = 1, 2, \cdots m \\
& h_j(\boldsymbol{x}) = 0, \quad j = 1, 2, \cdots p \\
& x_k^l \leqslant x_k \leqslant x_k^u
\end{aligned}
\tag{5.4}
$$

式中，$f(\boldsymbol{x})$ 为目标函数，$g_i(\boldsymbol{x})$ 为不等式约束，$h_j(\boldsymbol{x})$ 为等式约束，m 和 p 分别为不等式约束个数和等式约束个数。

常用的罚函数法可以表示为

$$
F(\boldsymbol{x}) = f(\boldsymbol{x}) + \sum_{i=1}^{m}\left(R_i \times \left|\max(0, g_i(\boldsymbol{x}))\right|\right) + \sum_{j=1}^{p}\left(Q_j \times \left|h_j(\boldsymbol{x})\right|\right)
\tag{5.5}
$$

式中等号右边第一项表示原来的适应度函数值，第二项表示对违反不等式约束的惩罚，第三项表示对违反等式约束的处罚。显然，该罚函数法需要对每一个约束设置一个惩罚因子，惩罚因子的取值对罚函数法效果有较大影响。在约束较多的情况下，设置罚参数本身就变成了一个棘手的任务。针对传统罚函数法参数设置的困难，本章提出了一种无罚参数罚函数法用以求解具有约束优化问题。新罚函数表示为

$$
F(\boldsymbol{x}) = \begin{cases}
f(\boldsymbol{x}), & \text{如果个体可行} \\
\xi + V, & \text{如果当前种群中个体全部不可行} \\
f_{\max}(\boldsymbol{x}) + V, & \text{如果当前个体不可行，但种群中有可行个体}
\end{cases}
\tag{5.6}
$$

式中，V 表示约束违反程度，表达式为

$$
V = \sum_{i=1}^{m}\left|\frac{\max\left(0, g_i(\boldsymbol{x})\right)}{g_{i\max}(\boldsymbol{x})}\right| + \sum_{j=1}^{p}\left|\frac{h_j(\boldsymbol{x})}{h_{j\max}(\boldsymbol{x})}\right|
\tag{5.7}
$$

该罚函数法基于如下两个假设：①可行解优于不可行解；②约束违反小的解优于约束违反大的解。很显然，如果当前种群中所有个体都是不可行解，则约束违反最小的解即为当前种群最优解。

由于等式约束存在，可行域空间会变得非常小，找到可行解变得非常困难。为了提高搜索的成功率，充分利用在等式约束附近的优势解，把等式约束转化为不等式约束进行求解。

$$h_j(\boldsymbol{x}) = 0, j = 1, 2, \cdots, \quad p \Rightarrow \left| h_j(\boldsymbol{x}) - \varepsilon \right| \leqslant 0, j = 1, 2, \cdots, p \tag{5.8}$$

式中，ε 表示等式约束转化为不等式约束的容许范围。

5.4 测试函数寻优实验

5.4.1 测试函数

为了检验所提出的算法求解具有约束优化问题的有效性，选取文献[13]所用的 3 个典型的约束优化测试函数进行寻优实验，函数的具体形式描述如下。

函数 f_1 为

$$
\begin{aligned}
\min \quad & f_1(\boldsymbol{x}) = (x_1^2 + x_2 - 11)^2 + (x_1 + x_2^2 - 7)^2 \\
\text{s.t.} \quad & g_1(\boldsymbol{x}) \equiv 4.84 - (x_1 - 0.05)^2 - (x_2 - 2.5)^2 \geqslant 0 \\
& g_2(\boldsymbol{x}) \equiv x_1^2 + (x_2 - 2.5)^2 - 4.84 \geqslant 0 \\
& 0 \leqslant x_1 \leqslant 6, \quad 0 \leqslant x_2 \leqslant 6
\end{aligned}
\tag{5.9}
$$

最优解 $\boldsymbol{x}^* = (2.246826, 2.381865)$，$f_1(\boldsymbol{x}^*) = 13.59085$。

函数 f_2 为

$$
\begin{aligned}
\min \quad & f_2(\boldsymbol{x}) = x_1 + x_2 + x_3 \\
\text{s.t.} \quad & g_1(\boldsymbol{x}) \equiv 1 - 0.0025(x_4 + x_6) \geqslant 0 \\
& g_2(\boldsymbol{x}) \equiv 1 - 0.0025(x_5 + x_7 - x_4) \geqslant 0 \\
& g_3(\boldsymbol{x}) \equiv 1 - 0.01(x_8 - x_5) \geqslant 0 \\
& g_4(\boldsymbol{x}) \equiv x_1 x_6 - 833.33252 x_4 - 100 x_1 + 83333.333 \geqslant 0 \\
& g_5(\boldsymbol{x}) \equiv x_2 x_7 - 1250 x_5 - x_2 x_4 + 1250 x_4 \geqslant 0 \\
& g_6(\boldsymbol{x}) \equiv x_3 x_8 - x_3 x_5 + 2500 x_5 - 1250000 \geqslant 0 \\
& 100 \leqslant x_1 \leqslant 10000, \quad 1000 \leqslant (x_2, x_3) \leqslant 10000 \\
& 10 \leqslant x_i \leqslant 1000, \quad i = 4, \cdots, 8
\end{aligned}
\tag{5.10}
$$

最优解为 $f_2(\boldsymbol{x}^*) = 7049.330923$，位于

$$\boldsymbol{x}^* = (579.3167, 1359.943, 5110.071, 182.0174,$$

$$295.5985, 217.9799, 286.4162, 395.5979)$$

函数 f_3 为

$$\min \quad f_3(\boldsymbol{x}) = x_1^2 + x_2^2 + x_1 x_2 - 14x_1 - 16x_2 + (x_3 - 10)^2$$
$$+ 4(x_4 - 5)^2 + (x_5 - 3)^2 + 2(x_6 - 1)^2 + 5x_7^2$$
$$+ 7(x_8 - 11)^2 + 2(x_9 - 10)^2 + (x_{10} - 7)^2 + 45$$

$$\text{s.t.} \quad g_1(\boldsymbol{x}) \equiv 105 - 4x_1 - 5x_2 + 3x_7 - 9x_8 \geqslant 0$$
$$g_2(\boldsymbol{x}) \equiv -10x_1 + 8x_2 + 17x_7 - 2x_8 \geqslant 0$$
$$g_3(\boldsymbol{x}) \equiv 8x_1 - 2x_2 - 5x_9 + 2x_{10} + 12 \geqslant 0$$
$$g_4(\boldsymbol{x}) \equiv -3(x_1 - 2)^2 - 4(x_2 - 3)^2 - 2x_3^2 + 7x_4 + 120 \geqslant 0 \qquad (5.11)$$
$$g_5(\boldsymbol{x}) \equiv -5x_1^2 - 8x_2 - (x_3 - 6)^2 + 2x_4 + 40 \geqslant 0$$
$$g_6(\boldsymbol{x}) \equiv -x_1^2 - 2(x_2 - 2)^2 + 2x_1 x_2 - 14x_5 + x_6 \geqslant 0$$
$$g_7(\boldsymbol{x}) \equiv -0.5(x_1 - 8)^2 - 2(x_2 - 4)^2 - 3x_5^2 + x_6 + 30 \geqslant 0$$
$$g_8(\boldsymbol{x}) \equiv 3x_1 - 6x_2 - 12(x_9 - 8)^2 + 7x_{10} \geqslant 0$$
$$-10 \leqslant x_i \leqslant 10, \quad i = 1, \cdots, 10$$

最优解 $f_3(\boldsymbol{x}^*) = 24.3062$，位于

$$\boldsymbol{x}^* = (2.171996, 2.363683, 8.773926, 5.095984, 0.9906548,$$

$$1.430574, 1.321644, 9.828726, 8.280092, 8.375927)$$

函数 f_4 为[14]

$$\min \quad f_4(\boldsymbol{x}) = -\frac{\left| \sum\limits_{i=1}^{n} \cos^4(x_i) - 2 \prod\limits_{i=1}^{n} \cos^2(x_i) \right|}{\sqrt{\sum\limits_{i=1}^{n} i x_i}}$$

$$\text{s.t.} \quad \prod_{i=1}^{n} x_i \geqslant 0.75, \qquad \prod_{i=1}^{n} x_i \leqslant 7.5n \qquad (5.12)$$

$$0 \leqslant x_i \leqslant 10, \quad i = 1, \cdots, n$$

$n = 20$ 时，已知最优值为 $f_4(\boldsymbol{x}^*) = -0.8036$。

5.4.2　寻优结果与分析

本章算法的参数设置为：$N_{pop} = 80$，$G_{max} = 1000$，$P_{RNA\text{-}recoding} = 0.8$，$P_{mutual\text{-}folding} = P_{self\text{-}folding} = 0.1$。为了获取算法的统计性能，对每个函数分别独立运行 50 次，并将优化结果与文献[13]、文献[15]的结果进行比较，计算结果如表 5.1 所示。定义算法找到最优值与已知最优值之间的相对误差为 $\varepsilon = \left| (f - f^*) / f^* \right|$，当 $\varepsilon < 1\%$ 表示搜索成功，此时的迭代次数就表示该次运行找到最优值的代数。

表 5.1　算法寻优结果比较

测试函数	已知最优值	Deb 的遗传算法[13]			DGA[15]			本章算法		
		成功次数	最优值	平均进化代数	成功次数	最优值	平均进化代数	成功次数	最优值	平均进化代数
f_1	13.59085	29	13.59085	1000	50	13.5908	80	50	13.5908	295
f_2	7049.33092	23	7060.221	4000	50	7049.248	532	50	7049.35	282
f_3	24.3062	41	24.3725	—	50	24.3062	650	50	24.3120	358
f_4	−0.8036	—	−0.8011	—	—	−1.1891	—	—	−1.1039	—

f_1 是一个两维的测试函数，在没有约束条件存在时，问题的最优值为 0，最优解位于点 (3，2) 处。引入约束条件后，该最优点成了不可行解，最优值变成 $f^* = 13.59085$，最优点为 $\boldsymbol{x}^* = (2.246826, 2.381865)$。该测试函数维数较低，复杂性不高，但是问题的可行域较小，仅占整个搜索空间的 0.7%，这就给找到较好的可行解增加了难度。Deb 的遗传算法[13]在 50 次运算中找到 29 次，而本章算法的搜索成功率是 100%。在平均进化代数方面，本章算法是 295 代，要高于 DGA 的代数，但比遗传算法的 1000 代要小很多。该函数的收敛曲线如图 5.3 所示，收敛曲线表明，本章算法在第 45 代左右就已经收敛到全局最优值附近，收敛速度快。

函数 f_2 是一个较难寻优的测试函数，其最优值为 7049.33092。该问题含有 8 个变量，6 个不等式约束。Deb 的遗传算法[13]即使将进化代数设为 4000，得到的最优值也仅仅到达 7060.221，离真实最优值有较大差距。并且，该方法搜索成功率也只有 23 次。虽然文献[15]的 DGA 方法得到与本章算法有相同的成功率，但是本章算法的平均进化代数只有 DGA 的一半。

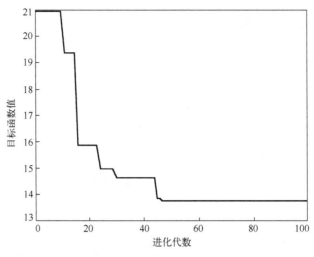

图 5.3　函数 f_1 收敛曲线

　　函数 f_3 含有 10 个自变量和 8 个不等式约束。该问题目前已知的最优解为 $f^* = 24.3062$。Deb[13]得到该问题的最优值为 24.3725，成功率只有 82%。Tao 等[15]提出的混合遗传算法得到该问题的最优值为 24.3062。尽管 Tao 等的方法找到该最优解的成功率也是 100%，但是该方法得到的最优解与 Deb 方法得到的最优解类似，都不是可行解。而本章方法得到的结果虽然不如 DGA 的，但是满足所有约束。对于一个具有约束的优化问题，在进化过程中个体存在约束违反是允许的，某些约束违反的个体含有非常有用的信息。但是如果算法最后得到的解是不可行的，则很难评价该个体对于该问题的意义，只能认为最终得到问题的可行解要比最终得到不可行解更好。

　　函数 f_4 是一个非常难求解的优化问题，其确切的全局最优值至今未知。该函数是一个十维的测试问题，具有严重的非线性。Tao 等[15]用 DGA 算法得到了该问题的最优值为−1.1891，但是该解存在极小的约束违反。如上所述，对于约束优化问题，只有在可行解的范围内才能进行解质量的比较，对于不可行解，无法评价其好坏。本章算法得到该问题的最优值为−1.1039，该最优值为一个可行解。

　　为了考察本章所采用动态变异概率在进化过程中的变化情况，对函数 f_1 在初始和进化终止两个时期的变异概率进行对比试验。图 5.4 为第 1 代时种群变异概率曲线。图 5.5 为第 1000 代时种群变异概率曲线。图中，横坐标表示种群的 RNA 编码位，纵坐标表示变异概率。

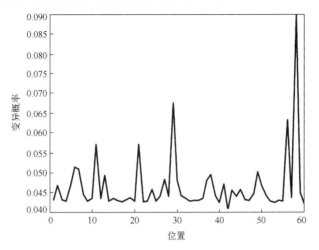

图 5.4　函数 f_1 第 1 代时的变异概率曲线

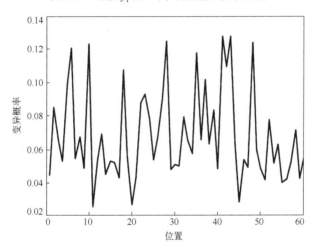

图 5.5　函数 f_1 第 1000 代时的变异概率曲线

从图 5.4 和图 5.5 中可以看出,在进化的初始阶段,由于种群是随机产生的,因此各个位置的熵差别较大,变异概率大小差别也大,但是平均变异概率较小,大概在 0.045 附近。而在第 1000 代时,由于种群多样性变差,信息熵变小,总体变异概率均值达到 0.06 左右,符合预期设想。

5.5　小　　结

针对遗传算法中变异概率取值具有一定的盲目性,本章提出了一种信息熵动态变异概率的 RNA 遗传算法。在进化过程中，变异概率由种群个体每一位的信息熵信息来确定，以发挥种群分布对变异概率的指导作用。同时，该算法采用基于碱基的四进制编码和 RNA 生物操作来进一步提高算法的搜索性能，对具有约束的测试函数的寻优结果检验了该算法的有效性。

参 考 文 献

[1]　Lis J. Genetic algorithm with the dynamic probability of mutation in the classification problem[J]. Pattern Recognition Letters, 1995, 16(12): 1311-1320.

[2]　Tinós R, de Carvalho A. Use of gene dependent mutation probability in evolutionary neural networks for non-stationary problems[J]. Neurocomputing, 2006, 70(1/3): 44-54.

[3]　Serpell M, Smith J E. Self-adaptation of mutation operator and probability for permutation representations in genetic algorithms[J]. Evolutionary Computation, 2014, 18(3): 491-514.

[4]　Sigalov D, Shimkin N. Cross entropy algorithms for data association in multi-target rracking[J]. IEEE Transactions on Aerospace and Electronic Systems, 2011, 47(2): 1166-1185.

[5]　Wang K H, Yang D Y, Pearn W L. Comparative analysis of a randomized N-policy queue: An improved maximum entropy method[J]. Expert Systems with Applications, 2011, 38(8): 9461-9471.

[6]　Hsiao B, Chern C C, Chiu C R. Performance evaluation with the entropy-based weighted Russell measure in data envelopment analysis[J]. Expert Systems with Applications, 2011, 38(8): 9965-9972.

[7]　王康泰，王宁. 信息熵动态变异概率 RNA 遗传算法[J]. 控制理论与应用，2012, 29(8): 1010-1016.

[8]　Vose M D, Liepins G E. Schema disruption[C]// Proceedings of the 4th International Conference on Genetic Algorithms, San Diego, CA, USA, July 1991. DBLP, 1991: 237-242.

[9]　Culberson J C. On the futility of blind search: An algorithmic view of "no free lunch"[J]. Evolutionary Computation, 1998, 6(2): 109-127.

[10]　Jong K A D, Spears W M. A formal analysis of the role of multi-point crossover in genetic algorithms[J]. Annals of Mathematics & Artificial Intelligence, 1992, 5: 1-26.

[11] Spears W M. The role of mutation and recombination in evolutionary algorithm[D]. Fairfax:

George Mason University, 1998.

[12] Schaffer J D, Eshelman L J. On crossover as an evolutionarily viable strategy[C]// Proceedings of the 4th International Conference on Genetic Algorithms, San Diego, CA, USA, July 1991. DBLP, 1991: 61-68.

[13] Deb K. An efficient constraint handling method for genetic algorithms[J]. Computer Methods in Applied Mechanics & Engineering, 2000, 186(2/4): 311-338.

[14] Koziel S, Michalewicz Z. Evolutionary algorithms, homomorphous mappings, and constrained parameter optimization[J]. Evolutionary Computation, 1999, 7(1): 19-44.

[15] Tao J L, Wang N. DNA double helix based hybrid genetic algorithm for the gasoline blending recipe optimization problem[J]. Chemical Engineering & Technology, 2008, 31(3): 440-451.

第6章 自适应策略的 RNA 遗传算法

6.1 引　　言

在科学技术与工程领域中，存在大量与优化相关的复杂问题。这些问题往往表现出高度非线性、不可导甚至不连续、规模较大、复杂度非常高，传统的优化算法通常无法契合实际的需要。遗传算法借鉴了孟德尔的遗传学说和达尔文的生物进化理论，是一类模拟自然界"适者生存，优胜劣汰"的进化规律演化而来的随机优化搜索算法[1]。遗传算法提供了求解复杂优化问题的通用框架，它将待求解问题的潜在解作为遗传操作的个体，其进化过程是以初始种群中的所有个体为对象，对种群中的个体依次进行选择、交叉和变异三种遗传操作，通过不断进化迭代来搜索问题的最优解。对遗传算法而言，保持种群多样性是保证算法能够收敛到全局最优解的关键所在。由于传统的遗传算法遗传操作算子设计单一，在其进化过程中，如果从当代种群中随机选择的两个父代个体相似程度较高，由于缺乏新的基因模式，对其执行交叉操作不容易产生更好的子代个体；随着种群中相似个体数的增加，算法很难探测到新的解空间，往往易于陷入局部极值点，难以收敛到全局最优解。而变异操作虽能产生新的基因模式，改善种群多样性，使算法具有一定的跳出局部最优的搜索能力，但是同时也会破坏优秀个体的基因从而影响算法的收敛速度。自然界中，经过长期的进化，生物呈现出多样性，这其中丰富的生物分子操作扮演着重要的作用，受生物分子启发设计遗传操作算子成为改善遗传算法的有效途径[2,3]。

为增强种群多样性，提高遗传算法全局寻优能力，本章提出了一种自适应策略的 RNA 遗传算法（ARNA-GA）[4]。该算法从提升种群多样性避免早熟现象、提高收敛速度方面出发，通过引入个体间差异度的概念，对个体间的差异进行度量，并依据个体差异度测度动态调整进化策略，合理选择交叉或变异算子来

进行遗传操作。为了验证本章所提方法的有效性，选取了 8 个典型的高维测试
函数进行寻优，并与其他几种优化算法的结果进行对比。

6.2　ARNA-GA

6.2.1　编码方式

本章提出的自适应策略的 RNA 遗传算法（ARNA-GA）由一组随机产生的个
体构成的初始种群开始搜索过程。种群的每个个体对应问题的一个潜在解。本
章使用第 2 章介绍的 RNA 碱基 A，G，C 和 U 来编码优化问题的潜在解。RNA
包含四种含氮碱基，分别是腺嘌呤（A），鸟嘌呤（G），胞嘧啶（C）和尿嘧啶（U）。
碱基间遵循 Watson-Crick 互补配对原则：A 与 U 配对，C 与 G 配对。受 RNA
分子结构启发，为方便计算，将 CUAG 分别与数字 0123 对应，实现从核苷酸
碱基到整型数字的映射：C-0，U-1，A-2，G-3。根据 Watson-Crick 互补原理，
编码后 0 和 3 互补，1 和 2 互补。通过 RNA 碱基编码将问题解从解空间映射到
遗传算法处理的搜索空间。

6.2.2　遗传操作自适应策略

多样性是种群演化的动力，保持种群多样性对遗传算法性能的改善起着非
常重要的作用。交叉和变异是 GA 中两个非常重要的遗传操作，对种群多样性
起着至关重要的作用。在传统的 GA 进化过程中，交叉操作和变异操作都是按
照概率来依次执行的。由于采用的是简单的遗传操作，如两点交叉操作等，随
着算法的运行，种群中相似个体数增加，如果从当代种群中随机选择的两个个
体相似程度高，表明它们有大量相似的基因，如果这样的两个个体被选来执行
交叉操作，由于缺乏新的基因模式将导致所产生的子代个体必然十分接近父代
个体，种群的多样性下降，算法不能有效探索到新的解空间。此时，如果这样
的两个个体执行变异操作，则可产生新的基因模式，有利于改善种群的多样性，
增强算法跳出局部最优解的能力。此外，在遗传算法进化过程中，当执行完交
叉操作后，对种群中新产生的个体按照变异概率执行变异操作时，有可能将交
叉操作产生的优秀个体破坏掉，从而影响算法的收敛速度。因此，本章提出了
基于个体差异度的遗传操作自适应策略，其基本思想是：首先计算从种群中随

机选择的两个父代个体的差异度，当它们的差异度大于某一阈值时则对其执行交叉操作来产生子代个体；而当两者间差异度小于该阈值时则执行变异操作来产生子代个体，通过这种方式能有效避免高相似度个体进行交叉无法产生新的基因模式而导致种群多样性的丧失，并且还有利于优秀基因模式在种群中的传递，达到同时提高算法全局搜索能力和收敛速度的目的。

个体差异度是指对两个个体进行编码的染色体串中具有不同等位基因的基因个数与染色体所包含的基因总数的比值。两条染色体中不相同的等位基因个数越多，其差异度越大，反之亦然。对于种群中四进制编码的两个个体 x 和 y，构建个体差异度函数如下：

$$DC(x,y) = 1 - \sum_{p=1}^{n}\sum_{k=1}^{l}[\omega_{pk} \times (x_{pk} \odot y_{pk})] \tag{6.1}$$

式中，l 是四进制染色体子串的长度，x_{pk} 和 y_{pk} 分别表示染色体 x，y 的第 p 个子串的第 k 个基因，$\odot$ 是同或运算符（即 $0\odot0=1$，$0\odot1=0$，$1\odot0=0$，$1\odot1=1$）。

考虑到在解码过程中，染色体串每一基因位对问题解的贡献度的差异，高位的基因应对个体差异度有较大的影响，对于同一个个体的不同基因位，赋予不同的差异度权重。因此，第 p 个子串的第 k 个基因的差异度权重 ω_{pk} 定义为

$$\omega_{pk} = \frac{\omega_{\max}}{n} - \frac{\omega_{\max} - \omega_{\min}}{n(l-1)}(k-1), \quad (p=1,2,\cdots,n; k=1,2,\cdots,l) \tag{6.2}$$

式中，n 表示编码变量个数，$\omega_{\max}$ 和 $\omega_{\min}$ 分别表示差异度权重的最大值和最小值。

在这里，差异度权重 ω_{pk} 满足：

$$\begin{cases} 0 < \omega_{pk} < 1 \\ \sum_{p=1}^{n}\left(\sum_{k=1}^{l}\omega_{pk}\right) = 1 \end{cases} \tag{6.3}$$

同理，本章定义种群规模为 N_{pop} 的初始种群差异度均值 DC_{initial} 为

$$DC_{\text{initial}} = \frac{\sum_{1}^{N_{\text{pop}}}\left(1 - \sum_{p=1}^{n}\sum_{k=1}^{l}[\omega_{pk} \times (x_{pk} \odot y_{pk})]\right)}{N_{\text{pop}}} \tag{6.4}$$

通常，初始种群中的染色体均匀分布在整个解空间，具有较好的种群多样性，初始种群差异度均值 DC_{initial} 能够反映出种群具有良好的分布。考虑到在每

一代的进化过程中，种群中的个体不可避免地会出现相似现象，导致种群的差异度均值逐渐递减。由此定义了差异度阈值 DT：

$$DT(t) = DC_{\text{initial}} \times (\beta^t) \tag{6.5}$$

式中，t 表示进化代数，β 是一个常系数且 $\beta \in [0, 1]$。随着进化的进行，差异度阈值逐渐减小。

对每一对随机选择的父代个体，如果 $DC(x, y) > DT(t)$，则表明这两个个体间差异度较大，对于这样的一对父体，可通过交叉操作使子代个体分别继承父体和母体的优良基因，使算法有较高的搜索效率。反之，如果 $DC(x, y) < DT(t)$，很明显，两父体间差异度较小，属于相似性较高的两个个体，执行交叉操作仅仅通过交换部分基因不能保证产生更好的子代个体，此时，执行变异操作可避免种群多样性的缺失来提高算法探索新的解空间的能力。

6.2.3　选择算子

选择操作是对达尔文所提出的"适者生存，优胜劣汰"自然界生物进化的简单模拟。为了从父代群体中选择优胜个体，本章算法采用锦标赛选择方式。首先，按照目标函数值计算所有个体的适应度值，然后随机选择两个个体进行适应度值比较，最后，具有较高适应度值的个体被复制到下一代。重复进行这一过程直到达到设定的种群规模。

6.2.4　交叉算子

交叉操作是对相互配对的两个个体编码串按某种方式交换其部分基因，从而形成新的个体。它决定了 GA 的全局搜索能力。本章在选择操作执行完成后，按照自适应策略来决定执行交叉操作还是变异操作来产生新的子代个体。本算法中交叉操作采用常用的两点交叉算子，在种群中选取两个个体，在其编码串中随机选取两个交叉点，对两个交叉点间的部分基因进行交互而形成新的个体。

6.2.5　变异算子

变异操作的本质是通过对种群中个体多样性的改善，来提高算法的局部随机搜索能力。为防止算法收敛到局部极值点，基于 RNA 分子结构和分子特性，本章设计和采用了两种变异算子，具体过程描述如下。

（1）互补碱基变异算子（CB 变异算子）。

RNA 是单链线形分子结构，只有局部区域由于 RNA 单链分子通过自身回折使得互补的碱基对相遇，形成一些发夹结构。受此现象启发，本章设计了互补碱基变异算子。首先，将要执行互补碱基变异操作的染色体按照编码参数的不同分成 n 个部分。在每一部分中随机选取两个子序列，子序列由一小段连续碱基构成，且子序列中碱基数目相同。然后，遵照 Watson-Crick 互补性原则，得到每一部分中第一段子序列的互补碱基，并将其进行倒位操作后替换第二段子序列中的碱基以形成局部的发夹结构。互补碱基变异操作的详细示意图如图 6.1 所示。

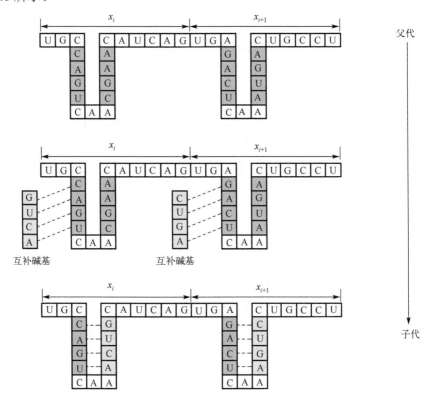

图 6.1　互补碱基变异算子

（2）稀有碱基变异算子（RB 变异算子）。

不同碱基在染色体中出现的概率不同，借鉴这一生物原理，文献[3]设计了稀有碱基变异算子。将出现频率最高的碱基用出现频率最低的碱基替代以产生新的子代个体。稀有碱基变异算子操作过程如图 6.2 所示，将染色体中出现频率最高的碱基 G 用出现频率最低的碱基 U 所取代。本章采用了 RB 变异算子。

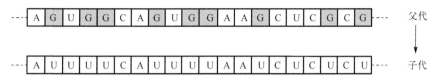

图 6.2　稀有碱基变异算子

本章算法中，从一对相似度较高的染色体中随机选择一条先执行 CB 变异算子，而另外一条染色体则执行 RB 变异算子。针对两个相似个体，采用不同的变异操作以更有效地改变染色体串的相似程度，提高种群的多样性。

6.2.6　终止条件

在本章算法中，终止条件为达到最大进化代数 G_{max} 或搜索到的当前最优个体的适应度值 $f(x^*)$ 与已知最优个体适应度值 f_{best} 的距离小于阈值 ε，即满足 $\left| f(x^*) - f_{best} \right| \leqslant \varepsilon$。式中，$f(x^*)$ 是搜索到的当前最优个体的适应度值，f_{best} 是已知全局最优值，ε 是阈值，这里取 $\varepsilon = 10^{-4}$。

6.2.7　ARNA-GA 算法的实施步骤

综上所述，ARNA-GA 流程图如图 6.3 所示，其算法实施步骤可表述如下。

步骤 1：设置算法运行参数，包括种群规模 N_{pop}、最大进化代数 G_{max}（即 MaxGen）、解分量编码长度 l、算法终止阈值 ε、交叉概率 P_c、变异概率 P_m。

步骤 2：初始化种群，随机产生 N_{pop} 个长度为 $L = n \times l$ 的个体，设置当前进化代数为 1。

步骤 3：计算种群中个体适应度值，将种群中每个个体转换成问题的一组解，并计算其相应的目标函数值，并将目标函数值转化为该个体的适应度值。

步骤 4：从当代种群中随机选取一对父代个体 x 和 y，然后按照 6.2.2 节所述方法计算它们之间的差异度 $DC(x, y)$ 以及当前代的差异度阈值 $DT(t)$。

步骤 5：对满足 $DC(x, y) > DT(t)$ 的两个父代个体执行交叉操作来产生两个子代个体，反之，则分别对两个父代个体执行互补碱基变异操作和稀有碱基变异操作来产生两个新个体。

步骤 6：重复执行步骤 4 和步骤 5，直到种群规模达到 $1.5N_{pop}$。

步骤 7：按照锦标赛选择机制，重复执行 $N_{pop}-1$ 次联赛选择，挑选出 N_{pop} 个体构成下一代种群。

步骤 8：若满足算法终止条件则结束算法运行，将当前最优个体对应的问题的解作为最终解输出；否则重复执行步骤 3～步骤 7。

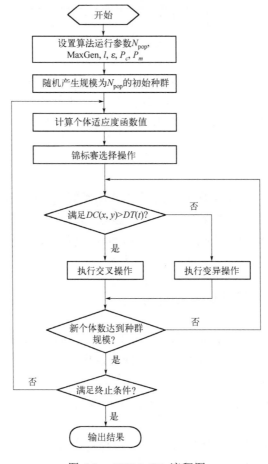

图 6.3　ARNA-GA 流程图

6.3　测试函数寻优实验与结果分析

6.3.1　测试函数

为了验证算法的性能，选取 8 个经典测试函数进行仿真实验，所有的测试函数反映出不同的复杂度。测试函数如表 6.1 所示,其中,Schwefel 函数 f_1、Rastrigin 函数 f_2、Ackly 函数 f_3 及 Griewank 函数 f_4 是局部极值点随着问题的维数增加的多模态函数,而 Schwefel 2.21 函数 f_5、Rosenbrock 函数 f_6、Schwefel 2.22 函数 f_7 及 Sphere 函数 f_8 均属于单模态函数。

表 6.1 测试函数列表

测试函数	取值范围	最优值
$f_1(\boldsymbol{x}) = -\sum_{i=1}^{D} x_i \sin(\sqrt{\lvert x_i \rvert})$	$[-500, 500]^D$	$-418.9829 \times D$
$f_2(\boldsymbol{x}) = \sum_{i=1}^{D}[x_i^2 - 10\cos(2\pi x_i) + 10]$	$[-5.0, 5.0]^D$	0
$f_3(\boldsymbol{x}) = -20\exp\left(-0.2\sqrt{\dfrac{1}{D}\sum_{i=1}^{D}x_i^2}\right) - \exp\left(\dfrac{1}{D}\left(\sum_{i=1}^{D}\cos(2\pi x_i)\right)\right) + 20 + \mathrm{e}$	$[-100, 100]^D$	0
$f_4(\boldsymbol{x}) = \dfrac{1}{4000}\sum_{i=1}^{D}x_i^2 - \prod_{i=1}^{D}\cos(x_i / \sqrt{i}) + 1$	$[-50, 50]^D$	0
$f_5(\boldsymbol{x}) = \max(\lvert x_i \rvert, 1 < x_i < 30)$	$[-100, 100]^D$	0
$f_6(\boldsymbol{x}) = \sum_{i=1}^{D-1}[100(x_{i+1} - x_i^2)^2 + (1 - x_i)^2]$	$[-30, 30]^D$	0
$f_7(\boldsymbol{x}) = \sum_{i=1}^{D}\lvert x_i \rvert + \prod_{i=1}^{D}\lvert x_i \rvert$	$[-10, 10]^D$	0
$f_8(\boldsymbol{x}) = \sum_{i=1}^{D}x_i^2$	$[-100, 100]^D$	0

6.3.2 参数设置

算法参数设置如下:最大进化代数 MaxGen=1000,种群规模 N_{pop}=60,对每个测试函数均分别独立运行 50 次。为了评价不同算法的优劣,采用一组评估指标:平均最优适应度值(Mean)和标准差(SD)。

6.3.3 实验结果与分析

在寻优实验中,首先针对 10 维多模态函数 $f_1 \sim f_4$ 进行测试,并将实验结果与文献中提到的 flh-aGA[5]、stGA[6] 和 atGA[7] 三种算法结果进行比较,统计结果列于表 6.2 中。从表 6.2 中数据可以看出,对于这 4 个 10 维多模态测试函数,

ARNA-GA 所得解的精度和标准差均明显优于 flh-aGA、stGA 和 atGA 算法，这体现了 ARNA-GA 在求解精度和稳定性方面都明显优于其他 3 种算法。

表 6.2　10 维多模函数 $f_1 \sim f_4$ 寻优结果

测试函数		ARNA-GA	flh-aGA[5]	stGA[6]	atGA[7]
f_1	Mean	−4189.8280	−4151.103	−4178.400	−4157.679
	SD	2.4283×10^{-4}	0.0045	—	—
f_2	Mean	2.4118×10^{-5}	5.3660	3.0200	2.8550
	SD	2.9085×10^{-5}	0.0537	0.0302	0.0285
f_3	Mean	1.7802×10^{-6}	13.533	12.970	9.4920
	SD	3.0323×10^{-6}	0.1353	0.1297	0.0949
f_4	Mean	3.7695×10^{-5}	0.0900	0.0870	0.0760
	SD	3.2886×10^{-5}	0.0009	0.0009	0.0008

为进一步验证 ARNA-GA 的优化能力，考虑到随着维数的增加，变量间的耦合程度更强，求解具有较高的复杂性。对 30 维函数 $f_1 \sim f_8$ 进行测试并将结果列于表 6.3 中。同时，文献[8]中使用的寻优方法得到的寻优结果也列于此表中。从表 6.3 中可以看出，对多模函数 $f_1 \sim f_4$，ARNA-GA 算法得到的均值和标准差比其他算法要小很多，这表明 ARNA-GA 得到的解更接近理论最优值。此外，对于单模函数 f_5 和 f_6，ARNA-GA 得到的结果比 GA、PSO、FEP 和 GSO 都要好，而函数 f_7 和 f_8 的均值和标准差要明显优于 GA、FEP 和 GSO 算法，但是比 PSO 算法要稍差一些。以上分析表明本章所提算法在求解高维函数问题上的可行性和有效性。

表 6.3　30 维测试函数 $f_1 \sim f_8$ 寻优结果

测试函数		ARNA-GA	GA[8]	PSO[8]	FEP[8]	GSO[8]
f_1	Mean	−12569.4886	−12566.0977	−9659.6993	−12554.5	−12569.4882
	SD	3.7084×10^{-6}	2.1088	463.7825	52.6	2.2140×10^{-2}
f_2	Mean	3.0884×10^{-5}	0.6509	20.7863	4.6×10^{-2}	1.0179
	SD	3.3003×10^{-5}	0.3594	5.9400	1.2×10^{-2}	0.9509
f_3	Mean	5.4669×10^{-5}	0.8678	1.3404×10^{-3}	1.8×10^{-2}	2.6548×10^{-5}
	SD	3.1468×10^{-5}	0.2805	4.2388×10^{-2}	2.1×10^{-2}	3.0820×10^{-5}

续表

测试函数		ARNA-GA	GA[8]	PSO[8]	FEP[8]	GSO[8]
f_4	Mean	$1.2913×10^{-10}$	1.0038	0.2323	$1.6×10^{-2}$	$3.1283×10^{-2}$
	SD	$1.8758×10^{-10}$	$6.7545×10^{-2}$	0.4434	$2.2×10^{-2}$	$2.8757×10^{-2}$
f_5	Mean	$5.2432×10^{-5}$	7.9610	0.4123	0.3	0.1078
	SD	$3.3858×10^{-5}$	1.5063	0.2500	0.5	$3.9981×10^{-2}$
f_6	Mean	$3.8884×10^{-5}$	338.5616	37.3582	5.06	49.8359
	SD	$3.6951×10^{-5}$	361.497	32.1436	5.87	30.1771
f_7	Mean	$1.5641×10^{-5}$	0.5771	$2.9168×10^{-24}$	$8.1×10^{-3}$	$3.7039×10^{-5}$
	SD	$2.4423×10^{-5}$	0.1306	$1.1362×10^{-23}$	$7.7×10^{-4}$	$8.6185×10^{-5}$
f_8	Mean	$3.1407×10^{-9}$	3.1711	$3.6927×10^{-37}$	$5.7×10^{-4}$	$1.9481×10^{-8}$
	SD	$2.7243×10^{-9}$	1.6621	$2.4598×10^{-36}$	$1.3×10^{-4}$	$1.9841×10^{-8}$

　　收敛速度是评价随机搜索算法效率的一个十分重要指标。ARNA-GA 算法优化 10 维测试函数 $f_1 \sim f_4$ 的收敛曲线如图 6.4 所示。可以直观地看出，在进化初期，函数值快速下降，而且能收敛到函数的全局最优解。因此,ARNA-GA 算法在防止早熟收敛、提高求解精度、加快收敛速度等方面是十分有效和显著的。

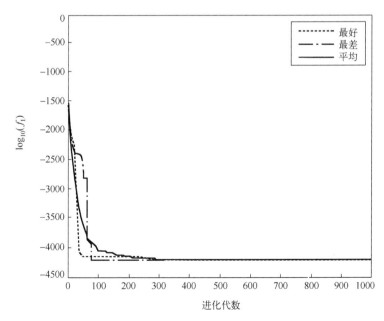

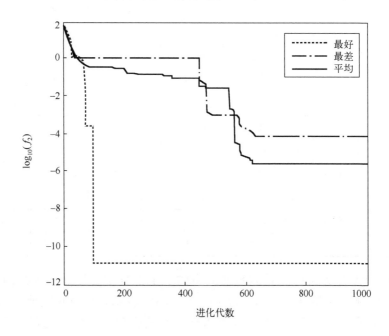

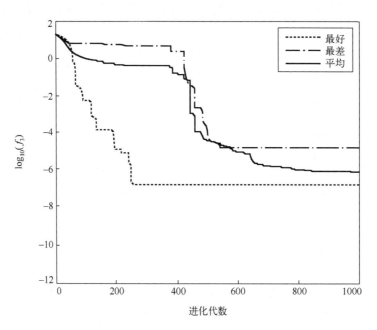

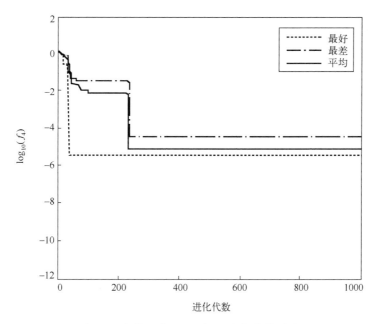

图 6.4　多模函数 $f_1 \sim f_4 (D=10)$ 的收敛曲线

6.4　小　　结

本章针对无约束优化问题，提出了一种基于个体差异度遗传操作自适应策略的 RNA 遗传算法。该算法引入个体间差异度概念，对个体间的差异程度进行度量，并依据个体差异程度自适应地选择遗传算子来执行；同时，设计了新型变异算子，有效维持种群多样性，避免早熟收敛，增强了算法的局部搜索能力。从典型测试函数的寻优结果可以看出，该算法在收敛速度和解的质量上都有显著的优势。

参 考 文 献

[1]　Holland J H. Adaptation in Natural and Artificial Systems[M]. Ann Arbor: The University of Michigan Press, 1975.

[2]　Tao J L, Wang N. DNA computing based RNA genetic algorithm with applications in parameter estimation of chemical engineering processes[J]. Computers and Chemical

Engineering，2007, 31(12): 1602-1618.

[3] Chen X, Wang N. A DNA based genetic algorithm for parameter estimation in the hydrogenation reaction[J]. Chemical Engineering Journal, 2009, 150(2/3): 527-535.

[4] Zhang L, Wang N. An adaptive RNA genetic algorithm for modeling of proton exchange membrane fuel cells[J]. International Journal of Hydrogen Energy, 2013, 38(1): 219-228.

[5] Yun Y S, Gen M. Performance analysis of adaptive genetic algorithm with fuzzy logic and heuristics[J]. Fuzzy Optimization and Decision Making, 2003, 2: 161-175.

[6] Koumousis V K, Katsaras C P. A saw-tooth genetic algorithm combining the effects of variable population size and reinitialization to enhance performance[J]. IEEE Transactions on Evolutionary Computation, 2006, 10(1): 19-28.

[7] Lin L, Gen M. Auto-tuning strategy for evolutionary algorithms: Balancing between exploration and exploitation[J]. Soft Computing, 2009, 13(2): 157-168.

[8] He S，Wu Q H，Saunders J R. Group search optimizer: An optimisation algorithm inspired by animal searching behavior[J]. IEEE Transactions on Evolutionary Computation, 2009, 13(5): 973-990.

第7章 发夹交叉操作RNA遗传算法的
桥式吊车支持向量机建模

7.1 引　　言

由于具有负载能力强、成本低等优点，桥式吊车被广泛应用于港口、生产车间、建筑工地和仓库等场所。桥式吊车的控制目标包括两个方面：一是为完成对负载的高效运送，应使台车快速准确地到达目的地；二是为保证操作人员和货物的安全性，在运送过程中应使负载的摆动尽可能小，由于桥式吊车的欠驱动特性，桥式吊车的两个控制目标相互矛盾，因此控制难度大。

通常，控制系统的设计是以对象模型为基础的，建立高精度的桥式吊车系统模型对于其控制系统设计起着至关重要的作用。国内外已有一些关于桥式吊车机理建模研究成果的文章发表[1-5]，主要是针对不同的应用场合，如运送液舱、传送分布质量梁、远海的装载货物，并考虑不同的因素，如绳长、负载质量、空气阻力等，采用拉格朗日方程或引入虚功原理来建立桥式吊车的机理模型。

由于桥式吊车的强非线性、耦合性等特点，使得常规的机理建模难以满足要求，所建立的机理模型与实际的非线性系统有较大的偏差，需要研究新的建模方法，如实验建模、混合建模、非参数建模等。建立桥式吊车的非参数模型是实现高精度建模的有效途径之一[6]，主要是采用支持向量机和神经网络。支持向量机是20世纪90年代发展起来的一种基于结构风险最小化的算法[7]，最小二乘支持向量机(LSSVM)是Suykens等提出的一种改进的支持向量机[8]。最小二乘支持向量机具有良好的非线性建模和泛化能力，已被用于复杂非线性系统的建模，LSSVM的参数设置对其性能有很大的影响，目前还没有成熟的参数选取方法。

遗传算法是进化算法中产生最早、应用最广的一类智能优化算法[9,10]，其全局搜索能力强，只需要知道待求解问题的目标函数信息，无连续性、无可微性要求。但是，传统的遗传算法存在局部寻优能力较弱、易于早熟收敛等不足。不少学者提出了遗传算法的改进方法。随着生物科学与技术的不断进步，人们对生物分子特性的认识不断加深，对 RNA 分子的结构和遗传信息表达机理的认识也加深，受 RNA 生物分子操作的启发，陶吉利等提出一种 RNA 遗传算法[11]，克服了传统遗传算法的不足，文献[12]提出了受蛋白质启发的 RNA 遗传算法，文献[13]提出了一种自适应策略的 RNA 遗传算法。

受RNA分子特性和分子操作的启发，本章提出了一种发夹交叉操作的RNA遗传算法(hcRNA-GA)，可用于求解复杂的非线性优化问题，将所提出的发夹交叉操作 RNA 遗传算法用于桥式吊车最小二乘支持向量机模型的核参数和惩罚因子寻优，取得较理想的效果。

7.2　最小二乘支持向量机

Vapnik 提出的 SVM 算法[7]，当样本增多时，其约束过多，导致训练时间和内存需求大大增加，这成为该算法的应用瓶颈。Suykens 等提出了 LSSVM[8]，以等式约束代替传统 SVM 中的不等式约束，通过求解一组等式方程得出最优分类超平面，避开求解计算量相对烦琐的二次规划问题，使算法易于实现、收敛速度快、复杂性降低，因此，本章采用 LSSVM 建立桥式吊车的非参数模型。

在 LSSVM 中，解最优超平面问题等价于求解如下的二次规划问题：

$$
\begin{cases}
\min J(\boldsymbol{\omega}, b, \xi) = \dfrac{1}{2}\left\|\boldsymbol{\omega}\right\|^2 + \dfrac{\gamma}{2}\sum_{i=1}^{n}\xi_i^2 & i = 1, 2, \cdots, n \\
\text{s.t.} \quad y_i[\boldsymbol{\omega}^{\mathrm{T}}\varphi(x_i) + b] = 1 - \xi_i
\end{cases}
\tag{7.1}
$$

式中，$\boldsymbol{\omega}$ 为权重向量，$\varphi(x)$ 为核函数，b 为偏差，γ 是惩罚因子，ξ_i 是拟合误差。

引入 Lagrange 乘子 α_i 对此问题求解：

$$
L(\boldsymbol{\omega}, b, \xi, \alpha) = J(\boldsymbol{\omega}, \xi) - \sum_{i=1}^{n}\alpha_i\{y_i(\boldsymbol{\omega}^{\mathrm{T}}\varphi(x_i) + b) - 1 + \xi_i\}
\tag{7.2}
$$

对上式的各变量求偏导，令偏导为零，得到如下方程组：

$$
\frac{\partial L}{\partial \boldsymbol{\omega}} = 0 \rightarrow \boldsymbol{\omega} = \sum_{i=1}^{n}\alpha_i y_i \varphi(x_i)
$$

$$\frac{\partial L}{\partial b} = 0 \rightarrow \sum_{i=1}^{n} \alpha_i y_i = 0$$

$$\frac{\partial L}{\partial \xi_i} = 0 \rightarrow \alpha_i = \gamma \xi_i \qquad\qquad i = 1, 2, \cdots, n \qquad\qquad (7.3)$$

$$\frac{\partial L}{\partial \alpha_i} = 0 \rightarrow y_i (\boldsymbol{\omega}^{\mathrm{T}} \varphi(x_i) + b) - 1 + \xi_i = 0$$

求解后可以得到如下的 LSSVM 分类函数:

$$y(\boldsymbol{x}) = \sum_{i=1}^{n} \alpha_i K(\boldsymbol{x}, x_i) + b \qquad\qquad (7.4)$$

其中,核函数选择径向基核函数为

$$K(\boldsymbol{x}, x_i) = \exp\left\{ -\frac{\|\boldsymbol{x} - x_i\|^2}{2\sigma^2} \right\} \qquad\qquad (7.5)$$

7.3　发夹交叉操作 RNA 遗传算法

7.3.1　编码和解码

本章采用 RNA 碱基编码 RNA 序列的解空间,详见 2.2.1 节。RNA 序列的解码详见 3.2.1 节。

7.3.2　交叉算子

根据单链 RNA 分子中由分子内的碱基配对形成包括发夹结构、凸起结构、内环结构在内的多种环状结构的机制,抽象出发夹交叉算子。RNA 链形成的多种环状结构如图 7.1 所示。

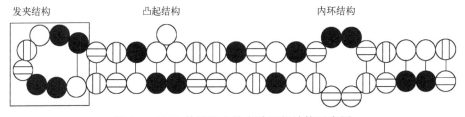

图 7.1　RNA 单链形成的多种环状结构示意图

　　本章采用 2.2.2 节的 RNA 交叉算子，即转位算子、换位算子和置换算子作为基本交叉算子。同时，受 RNA 分子特性的启发，本章还设计了下面的发夹交叉算子，如下所示。

　　随机选择两个 RNA 父体序列 A、B，针对 A 个体随机产生一个开始换位点 c1pos1，从个体 B 序列的第一位开始寻找与 A 个体 c1pos1 位互补的碱基 c2pos1 位，若 c2pos1 未找到，则重新产生一个开始换位点 c1pos1，继续寻找 c2pos1，直至找到 c2pos1 或确实找不到为止；针对 A 个体在 c1pos1 位后面随机产生一个结束换位点 c1pos2，从个体 B 序列的 c2pos1+1 位开始寻找与 A 个体 c1pos2 位互补的碱基 c2pos2，若 c2pos2 未找到，则重新产生一个开始换位点 c1pos2，继续寻找 c2pos2，直至找到 c2pos2 或确实找不到为止；如果 c1pos1，c2pos1，c1pos2，c2pos2 均存在，则交换 A 个体的 c1pos1 到 c1pos2 与 B 个体 c2pos1 到 c1pos2 之间的编码，若此时 A 个体与 B 个体不等长，则将序列长的个体尾部多出来部分的后一半移至另一序列短的个体的首部，如图 7.2 所示。

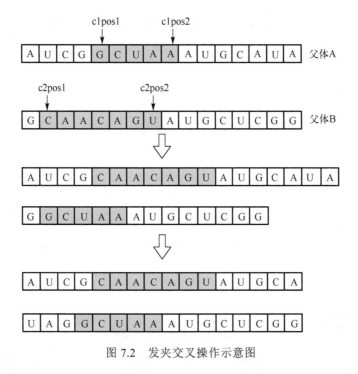

图 7.2　发夹交叉操作示意图

7.3.3　变异算子

本章采用的变异操作：当个体的某位碱基发生变异时，采用自适应概率进行变异操作，用其他不同的碱基代替当前碱基。

7.3.4　选择算子

本章采用轮盘赌选择操作。

7.3.5　算法的实现步骤

本章提出的发夹交叉操作 RNA 遗传算法的流程图如图 7.3 所示。

发夹交叉操作 RNA 遗传算法的具体步骤如下。

步骤 1：设定发夹交叉操作 RNA 遗传算法的参数：种群规模 Size、参数个数 M、个体编码长度 L、最大进化代数 G_{max}、置换交叉概率为 p_{pm}、换位和转位交叉概率 p_{tftc}、发夹交叉概率为 p_{hc}、自适应变异概率 p_{ml} 和 p_{mh}、求解精度 Δ 和终止规则，其中，终止规则为算法寻得的目标函数小于 Δ 或是迭代次数达到最大代数 G_{max}。

步骤 2：对解进行编码，随机生成包含 Size 个 RNA 序列的初始种群，每个参数均由字符集 {0, 1, 2, 3} 编码为一个长度为 L 的 RNA 子序列，则一个 RNA 序列的编码长度为 $M \times L$。

步骤 3：将种群中每个 RNA 序列进行解码，计算目标函数，转化为适应度函数，再采用精英保留法，利用轮盘赌选择个体，根据适应度值将个体分为有害 Ed 的和中性 En 的两类个体集合。

步骤 4：在中性 En 个体集合中进行交叉操作，包括置换、换位、转位，共产生 3Size/2 个个体构成集合 EC1，具体如下。

① 随机选取两个 RNA 个体以概率 p_{pm} 进行置换操作，在两个 RNA 序列中分别选取长度相同的一段子序列，然后交换子序列的位置，形成两个新的 RNA 序列，该操作共产生 Size/2 个新的 RNA 序列构成集合 EC11；

② 随机选取一个 RNA 个体以概率 p_{tftc} 执行换位操作，在前半段和后半段分别选取一段子序列，交换位置生成一个新的 RNA 序列；如换位未执行，则执行转位操作，在前半段选取一段子序列，插入后半段的对应位置，该操作共产生 Size/2 个新的 RNA 序列构成集合 EC12；

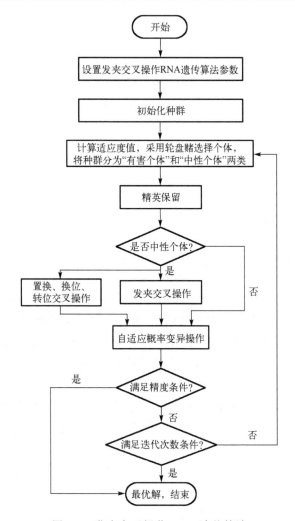

图 7.3 发夹交叉操作 RNA 遗传算法

③EC1=[En; EC11; EC12]。

步骤 5：在 En 集合中以概率 p_{hc} 执行发夹交叉操作，共产生 Size/2 个个体构成集合 EC2。

步骤 6：在集合[EC1；EC2；Ed]中执行自适应概率变异操作，自适应变异概率表达式如式(2.1)和式(2.2)所示。

步骤 7：若当前种群的最优解精度满足要求或是迭代次数满足要求，则获得最优解，否则返回步骤 3。

7.4　桥式吊车支持向量机建模方法和仿真实验结果

以某大学机器人与自动化所的"三维桥式吊车实验装置"为实验平台，采用所提出的发夹交叉操作 RNA 遗传算法，建立桥式吊车的 LSSVM 位置模型和 LSSVM 摆角模型，具体实现步骤如下。

步骤 1：该平台可简化为一个二维桥式吊车系统，通过平台获得二维桥式吊车系统水平方向控制输入 f_x、水平方向上的位置 x 和摆角 θ_x 输出采样数据。桥式吊车的参数设置为台车质量 $M = 6.5\text{kg}$，负载质量 $m = 0.75\text{kg}$，吊绳长度固定 $l = 1\text{m}$，重力加速度 $g = 9.8\text{m/s}^2$。在进行实验数据采集过程中，保持开环状态，采样周期为 5ms，共采集了 7 组数据，每组有 4000 个数据，从 7 组数据里各随机抽 200 个数据，共有 $n=1400$ 个实验数据作为训练样本。

步骤 2：建立 2 个 LSSVM 模型，图 7.4(a) 为位置 LSSVM 模型和图 7.4(b) 为摆角 LSSVM 模型，并选择核函数为径向基函数。

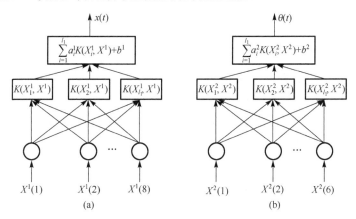

图 7.4　最小二乘支持向量机模型

位置 LSSVM 模型具有 8 个输入 1 个输出，$l_1 =1400$ 个样本集表示为

$$\{X_i^1, Y_i^1\}_{i=1}^{1400}, \quad X_i^1 \in R^8, \quad Y_i^1 \in R$$

$$X_i^1 = [x(t-1), x(t-2), x(t-3), x(t-4), f_x(t), f_x(t-1), f_x(t-2), f_x(t-3)], \quad Y_i^1 = [x(t)]$$

其中，X_i^1 表示第 i 个样本输入，Y_i^1 表示第 i 个样本输出，t 为采样时刻。

摆角 LSSVM 模型具有 6 个输入 1 个输出，1400 个样本集表示为

$$\{X_i^2, Y_i^2\}_{i=1}^{1400}, \quad X_i^2 \in R^6, \quad Y_i^2 \in R$$

$$X_i^2 = [[\theta_x(t-1), \theta_x(t-2), \theta_x(t-3), f_x(t), f_x(t-1), f_x(t-2)]], \quad Y_i^2 = [\theta_x(t)]$$

其中，X_i^2 表示样本输入，Y_i^2 表示样本输出。

步骤 3：归一化样本数据。

将数据归一化成零均值和单位方差，归一化的公式如下：

$$x_{kj}^* = \frac{x_{kj} - \bar{\mu}_j}{\delta_j} \tag{7.6}$$

其中，x_{kj}^* 表示归一化后的样本数据，k 为样本数，j 为样本的分量，x_{kj} 表示第 k 个样本的第 j 个分量，$\bar{\mu}_j$ 表示第 j 个样本分量的均值，δ_j 为第 j 个样本分量的标准差。

步骤 4：设置 LSSVM 模型待寻优参数，位置 LSSVM 模型寻优参数为核参数 σ_1^2 和惩罚因子 c_1；摆角 LSSVM 模型的寻优参数为核参数 σ_2^2 和惩罚因子 c_2。

步骤 5：将步骤 2 的位置 LSSVM 模型样本 $\{X_i^1\}_{i=1}^{1400}$ 输入位置 LSSVM 模型获得输出 $\{YM_i^1\}_{i=1}^{1400}$，输出值 $\{YM_i^1\}_{i=1}^{1400}$ 与步骤 2 中实际位置的样本输出 $\{Y_i^1\}_{i=1}^{1400}$ 的误差平方和作为发夹交叉操作 RNA 遗传算法参数寻优搜索的目标函数，hcRNA-GA 的参数设置如下：种群的个体数 Size = 40、位置 LSSVM 模型参数个数 $M = 2$、个体编码长度 $L = 20$、最大进化代数 $G_{\max} = 500$、置换交叉概率为 $p_{pm} = 1$、换位和转位交叉概率 $p_{tftc} = 0.5$、发夹交叉概率为 $P_{hm} = 0.5$、自适应变异概率 p_{ml}、p_{mh} 的参数选择与 2.2.4 节的相同、求解精度 $\Delta = 10^{-4}$，算法的终止规则为目标函数值小于 $\Delta = 10^{-4}$ 或是迭代次数达到最大代数 $G_{\max} = 500$。

获得位置 LSSVM 模型寻优参数值；按相同方法获得摆角 LSSVM 模型寻优参数值，则获得位置 LSSVM 模型核参数 σ_1^2 和惩罚因子 c_1，或摆角 LSSVM 模型核参数 σ_2^2 和惩罚因子 c_2，否则返回步骤 2。

步骤 6：获得位置 LSSVM 模型和摆角 LSSVM 模型，从测试样本里按时间顺序每间隔 3 点选一点，从 4000 点数据里共选取 600 点数据，用训练后的位置和摆角 LSSVM 模型分别对位置和摆角测试数据进行测试。测试结果如图 7.5～图 7.8 所示。

从图 7.5 和图 7.7 的测试结果可以看出，位置 LSSVM 模型输出和实际位置基本吻合，摆角 LSSVM 模型输出和实际摆角基本吻合，从图 7.6 可以看出，位置 LSSVM 模型输出和实际位置之间的误差在刚开始的一段时间比较大，后面趋向于零，从图 7.8 可以看出，摆角 LSSVM 模型输出和实际摆角的误差在很小的范围内波动。因此，本章提出的方法是有效可行的，可实现桥式吊车的高精度建模。

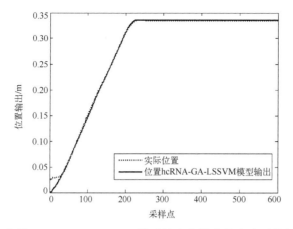

图 7.5　位置 hcRNA-GA-LSSVM 模型输出和桥式吊车实际位置输出图

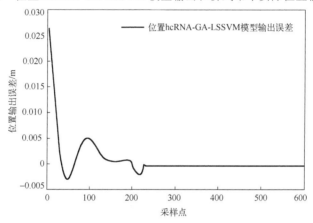

图 7.6　位置 hcRNA-GA-LSSVM 模型输出误差图

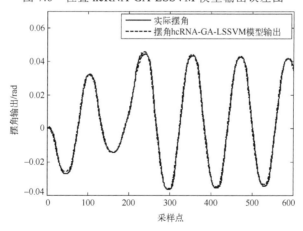

图 7.7　摆角 hcRNA-GA-LSSVM 模型输出和桥式吊车实际摆角输出图

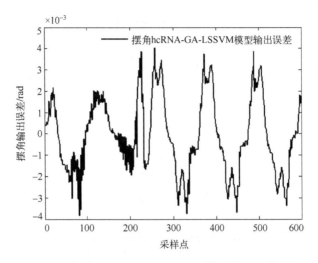

图 7.8　摆角 hcRNA-GA-LSSVM 模型输出误差图

7.5　小　　结

为实现对高度非线性桥式吊车系统进行高效控制的目的，建立高精度的桥式吊车系统模型具有重要的意义。本章通过建立位置最小二乘支持向量机模型和摆角最小二乘支持向量机模型实现对桥式吊车的高精度建模。受发夹结构启发，本章抽象出发夹交叉操作 RNA 遗传算法，运行发夹交叉操作 RNA 遗传算法对桥式吊车最小二乘支持向量机模型的参数寻优，获得桥式吊车的模型。该建模方法取得了较理想的效果，也适用于其他复杂非线性系统的建模。

参 考 文 献

[1]　Fang Y C, Zergeroglu E, Dixon W E, et al. Nonlinear coupling control laws for an overhead crane system[C]// Proceedings of the 2001 IEEE International Conference on Control Applications, 2001: 639-644.

[2]　马博军, 方勇纯, 王鹏程, 等. 三维桥式吊车自动控制实验系统[J]. 控制工程, 2011, 18(2): 239-243.

[3]　Chen H, Fang Y C, Sun N. Optimal trajectory planning and tracking control method for overhead cranes[J]. IET Control Theory and Applications, 2016, 10(6): 692-699.

[4]　Sun N, Fang Y C, Wu X Q. An enhanced coupling nonlinear control method for bridge

cranes[J]. IET Control Theory & Applications, 2014, 8(13): 1215-1223.

[5] Sun N, Fang Y C. Nonlinear tracking control of underactuated cranes with load transferring and lowering: Theory and experimentation[J]. Automatica, 2014, 50(9): 2350-2357.

[6] Zhu X H, Wang N. Cuckoo search algorithm with membrane communication mechanism for modeling overhead crane systems using RBF neural networks[J]. Applied Soft Computing, 2017, 56: 458-471.

[7] Vapnik V N. The Nature of Statistical Learning Theory[M]. New York: Springer-Verlag, 1995.

[8] Suykens J A K, Vandewalle J. Least squares support vector machine classifiers[J]. Neural Processing Letters, 1999, 9(3): 293-300.

[9] Holland J H. Adaptation in Natural and Artificial Systems[M]. Ann Arbor: The University of Michigan Press, 1975.

[10] Katoch S, Chauhan S S, Kumar V. A review on genetic algorithm: Past, present, and future[J]. Multimedia Tools and Applications, 2021, 80(5): 8091-8126.

[11] Tao J L, Wang N. DNA computing based RNA genetic algorithm with applications in parameter estimation of chemical engineering processes[J]. Computers and Chemical Engineering, 2007, 31(12): 1602-1618.

[12] Wang K T, Wang N. A protein inspired RNA genetic algorithm for parameter estimation in hydrocracking of heavy oil[J]. Chemical Engineering Journal, 2011, 167(1): 228-239.

[13] Zhang L, Wang N. An adaptive RNA genetic algorithm for modeling of proton exchange membrane fuel cells[J]. International Journal of Hydrogen Energy, 2013, 38(1): 219-228.

第8章 发夹变异操作RNA遗传算法的
桥式吊车神经网络建模

8.1 引　　言

　　吊车属大型的工程搬运设备,在人类生产和生活中占据着举足轻重的地位。在各类吊车中,桥式吊车最具代表性。桥式吊车的主要任务是实现货物的快速、准确、无残摆运送。由于桥式吊车系统的欠驱动特性,台车运动及干扰会引起负载的摆动而降低桥式吊车系统的工作效率,还可能会导致负载与操作人员或其他物体发生碰撞引起损失。因此,必须对桥式吊车进行有效的控制。为实现这一目的,建立高精度的桥式吊车系统模型是至关重要的基础。

　　国内外已有一些关于吊车建模研究成果的文章发表,Kaneshige 等针对三维吊车在运送液舱时需要考虑液体振动的问题,基于动力学方程建立了吊车模型[1]。马博军等利用拉格朗日方程对三维桥式吊车系统进行了动力学建模[2]。Huang 等基于 Kane 的方法建立了传送分布质量梁桥式吊车的非线性模型[3]。Ismail 等提出为了解决远海的装载货物问题,利用吊车实现船到船之间的运输可解决港口拥挤问题,以提高港口效率,采用拉格朗日方程建立海上集装箱吊车系统模型[4]。

　　这些研究成果都是基于机理建模的。由于桥式吊车的非线性、时变性、不确定性等特点使得所建立的机理模型与实际系统有较大的偏差,迫切需要寻求新的建模方法。作为人工智能的重要内容,人工神经网络是模拟人脑结构和功能的信息处理系统,具有自学习、自适应、分布存储、并行处理等特点,能实现输入与输出的非线性映射关系。很自然,研究者们尝试着将神经网络用于桥式吊车的非参数建模。然而,神经网络性能是由网络结构与权值确定的,因此,神经网络模型的参数优化是关键问题。

　　由于遗传算法对待求解问题的无连续性、无可微性要求,只需要知道目标函数的信息,因而受到人们的特别关注。遗传算法全局寻优能力强,但是局部寻优能力较弱，易于早熟收敛。随着生物科学与技术的不断进步，人们对生物分子特性的认识不断加深，对 RNA 分子的结构和遗传信息表达机理的认识加深，受 RNA 生物分子操作的启发，陶吉利等提出一种 RNA 遗传算法[5]，该算法克服了传统遗传算法的不足。

受 RNA 分子特性和分子操作的启发，本章提出了发夹变异操作的 RNA 遗传算法(hmRNA-GA)，可用于求解复杂的非线性优化问题，将所提出的发夹变异操作 RNA 遗传算法用于桥式吊车 RBF 神经网络模型径向基函数的中心寻优中取得较理想的优化建模效果。

8.2　RBF 神经网络

RBF 神经网络是由 Moody 和 Darken 于 20 世纪 80 年代末提出的一种神经网络，它具有单隐层的三层前馈网络[6]。由于它模拟了人脑中局部调整、相互覆盖接收域(或称感受野(receptive field))的神经网络结构，因此，RBF 网络是一种局部逼近网络，能够以任意精度逼近任意的连续函数，特别适合于解决分类等问题。RBF 网络的结构与多层前向网络类似，是一种三层前向网络，如图 8.1 所示，第一层即输入层由信号源节点组成；第二层为隐含层，隐单元个数视所描述问题的需要而定，隐单元的变换函数采用径向基函数，是中心径向对称且衰减的非线性函数；第三层为输出层，对输入模式的作用做出响应。由于输入到输出的映射是非线性的，而隐含层空间到输出空间的映射是线性的，从而可以加快学习速率，避免局部极小问题。

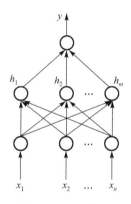

图 8.1　RBF 神经
网络结构图

在 RBF 网络结构中，$X = [x_1, x_2, \cdots, x_n]^T$ 为网络的输入向量。设 RBF 网络的径向基向量 $H = [h_1, h_2, \cdots, h_j, \cdots, h_m]^T$，其中，$h_j$ 为高斯基

函数：$h_j = \exp\left(-\dfrac{\|X - C_j\|^2}{2b_j^2}\right)$，$j = 1, 2, \cdots, m$。网络的第 j 个结点的中心矢量为

$C_j = [c_{1j}, c_{2j}, \cdots, c_{ij}, \cdots, c_{nj}]^T$，其中，$i = 1, 2, \cdots, n$。

采用最小二乘法计算输出层权值。由于最小二乘法一次完成输出层权值计算，不仅占用内存量大，而且当中间矩阵不符合正则条件时，该算法无法实现参数辨识。为了减少计算量，减少数据在计算机中所占的存储量，保证系统参数的可辨识性，一般采用递推最小二乘算法。RBF 网络的输出层权值计算公式如下所示：

$$
\begin{cases}
\theta(k) = \theta(k-1) + \boldsymbol{K}(k)[y_d(k) - \boldsymbol{X}^{\mathrm{T}}(k)\theta(k-1)] \\[3mm]
\boldsymbol{K}(k) = \dfrac{\boldsymbol{P}(k-1)\boldsymbol{X}(k)}{1 + \boldsymbol{X}^{\mathrm{T}}(k)\boldsymbol{P}(k-1)\boldsymbol{X}(k)} \\[3mm]
\boldsymbol{P}(k) = \boldsymbol{P}(k-1) - \boldsymbol{K}(k)\boldsymbol{K}^{\mathrm{T}}(k)[\boldsymbol{X}^{\mathrm{T}}(k)\boldsymbol{P}(k-1)\boldsymbol{X}(k)+1]
\end{cases}
\tag{8.1}
$$

式中，$1 \leqslant k \leqslant N$，$N$ 为最大迭代次数，$\theta(k)$ 为输出权值的参数向量，$\boldsymbol{X}(k)$ 为隐层输出向量，$y_d(k)$ 为建模系统的实际输出值，$\boldsymbol{K}(k)$ 为辅助向量，$\boldsymbol{P}(k)$ 为辅助矩阵。

8.3　发夹变异操作的 RNA 遗传算法

8.3.1　编码和解码

本章采用 RNA 碱基编码 RNA 序列的解空间，详见 2.2.1 节。RNA 序列的解码详见 3.2.1 节。

8.3.2　交叉算子

本章采用 2.2.2 节的 RNA 交叉算子，即转位算子、换位算子和置换算子作为交叉算子。

8.3.3　变异算子

(1)发夹变异算子。

根据单链 RNA 分子中由分子内的碱基配对形成包括发夹结构、凸起结构、内环结构在内的多种环状结构的机制，抽象出发夹变异算子。多种环状结构示意图如图 7.1 所示。

受 RNA 分子特性的启发，本章设计的发夹变异算子如下。

设某个体第一位编码位置为 c1pos1 = 1，从 c1pos1 + 1 位开始，寻找与 c1pos1 位互补的碱基 c1pos2 位，c1pos1 与 c1pos2 之间的编码进行镜像，并用互补的碱基替换，令 c1pos1 = c1pos2 + 1，重复上述操作，直至遍历该个体。发夹变异操作示意图如图 8.2 所示。

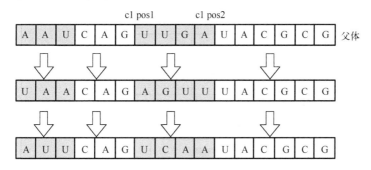

图 8.2　发夹变异操作示意图

（2）采用第 7.3.3 节的变异算子，对变异位采用自适应概率进行变异操作，用其他不同的碱基代替当前碱基。本章采用式（2.1）和式（2.2）的自适应变异概率对交叉操作和发夹变异操作后产生个体执行该变异算子。

8.3.4　选择算子

本章采用轮盘赌选择操作。

8.3.5　算法的实现步骤

本章提出的发夹变异操作 RNA 遗传算法的流程图如图 8.3 所示。

本章提出的发夹变异操作 RNA 遗传算法具体步骤如下。

步骤 1：设定发夹变异操作 RNA 遗传算法的参数：种群数 Size、参数个数 M、个体编码长度 L、最大进化代数 G_{max}、置换交叉概率为 p_{pm}、换位和转位交叉概率 p_{tftc}、发夹变异概率为 p_{hm}、自适应变异概率 p_{ml} 和 p_{mh}、求解精度 Δ。

步骤 2：设定终止规则为算法寻得的目标函数小于 Δ 或迭代次数达到最大代数 G_{max}。

步骤 3：对问题解进行编码，随机生成包含 Size 个 RNA 序列的初始种群，每个参数均由字符集{0, 1, 2, 3}编码为一个长度为 L 的 RNA 子序列，则一个 RNA 序列的编码长度为 $L \times M$。

步骤 4：将种群中每个 RNA 序列进行解码，并计算目标函数，再采用精英保留法，利用轮盘赌选择个体，根据适应度值将个体分为有害个体集 Ed 和中性个体集 En 两类个体集合。

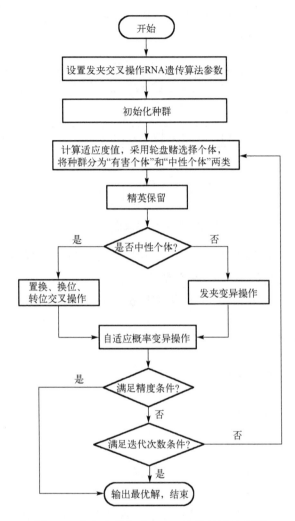

图 8.3　发夹变异操作 RNA 遗传算法流程图

步骤 5：在中性 En 个体集合中以概率 p_{pm} 执行置换操作，以概率 p_{tftc} 执行换位操作，以概率 p_{tftc} 执行转位操作，共产生 3/2Size 个个体，集合为 EC，具体如下。

①随机选取两个 RNA 个体以概率 p_{pm} 进行置换操作，在两个 RNA 序列中分别选取长度相同的一段子序列，然后交换子序列的位置，形成两个新的 RNA 序列，该操作共产生 Size/2 个新的 RNA 序列，集合 EC1；

②随机选取一个 RNA 个体以概率 p_{tftc} 执行换位操作，在前半段和后半段分

别选取一段子序列,交换位置生成一个新的 RNA 序列;如换位未执行,则执行转位操作,在前半段选取一段子序列,插入后半段的对应位置,该操作共产生 Size/2 个新的 RNA 序列,集合 EC2;

③EC=[En; EC1; EC2]。

步骤 6:在 Ed 集合中以概率 p_{hm} 执行发夹变异操作,集合为 Edh。

步骤 7:在集合[Edh; EC]中执行自适应概率变异操作,自适应变异概率如式(2.1)和式(2.2)所示。

步骤 8:若当前种群的最优解精度满足要求或迭代次数满足要求,则获得最优解,否则返回步骤 4。

8.4　神经网络桥式吊车建模方法与仿真实验结果

以某大学机器人与自动化所的"三维桥式吊车实验装置"为实验平台,采用所提出的发夹变异操作 RNA 遗传算法,建立桥式吊车的神经网络位置模型和神经网络摆角模型。当选择 x,θ_x 作为状态量时,该平台可简化为一个 x 方向上的二维桥式吊车系统。具体实现步骤如下。

步骤 1:通过三维桥式吊车实验平台获得二维桥式吊车系统水平方向控制输入 f_x、水平方向的位置 x 和摆角 θ_x 输出采样数据。桥式吊车的参数设置为台车质量 $M = 6.5\text{kg}$,负载质量 $m = 0.75\text{kg}$,吊绳长度固定 $l = 1\text{m}$,重力加速度 $g = 9.8\text{m/s}^2$。在进行实验数据采集过程中,对台车的水平方向施加一个初始的作用力,让台车走起来,保持开环状态,以便更好地辨识系统的特性,实验平台的采集周期为 5ms,共采集 7 组数据。

步骤 2:建立桥式吊车 2 个 RBF 神经网络模型,分别为位置 RBF 神经网络模型和摆角 RBF 神经网络模型,两个模型均采用 3 层结构,如图 8.4 所示。

设定位置 RBF 神经网络模型输入变量个数为 $P_{num} = 8$,输入向量为 $X_1 = [x(t-1), x(t-2), x(t-3), x(t-4), f_x(t), f_x(t-1), f_x(t-2), f_x(t-3)]$,输出变量个数为 $P_{out} = 1$,输出向量为 $Y_1 = [x(t)]$,t 为采样时刻,$f_x(t)$ 为 t 时刻的控制力采样数据,隐层结点数为 $P_h = 50$,径向基函数为高斯函数。

设定摆角 RBF 神经网络模型输入变量个数为 $C_{num} = 6$,输入向量为 $X_2 = [\theta_x(t-1), \theta_x(t-2), \theta_x(t-3), f_x(t), f_x(t-1), f_x(t-2)]$,输出变量个数为 $C_{out} = 1$,输出向量为 $Y_2 = [\theta_x(t)]$,隐层结点数为 $C_h = 50$,径向基函数为高斯函数。

位置 RBF 神经网络输入输出关系式为

$$Y_1 = \sum_{i=1}^{50} w_{1i} \exp\left\{ -\frac{\|X_1 - c_{1i}\|^2}{2\sigma_1^2} \right\} \tag{8.2}$$

式中，X_1 为位置 RBF 神经网络输入向量，Y_1 表示网络的输出向量，$\sigma_1 = 1$ 是高斯函数的基宽，$c_{1i} \in R^{50}$ 为径向基中心，w_{1i} 表示隐含层到输出层的连接权值。

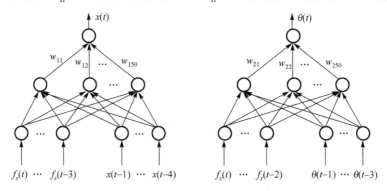

图 8.4　桥式吊车 RBF 神经网络模型

摆角 RBF 神经网络输入输出关系式为

$$Y_2 = \sum_{i=1}^{50} w_{2i} \exp\left\{ -\frac{\|X_2 - c_{2i}\|^2}{2\sigma_2^2} \right\} \tag{8.3}$$

式中，X_2 为位置 RBF 神经网络输入向量，Y_2 表示网络的输出向量，$\sigma_2 = 1$ 是高斯函数的基宽，$c_{2i} \in R^{50}$ 为径向基中心，w_{2i} 表示隐含层到输出层的连接权值。

步骤 3：数据归一化，将步骤 1 采样到的全部数据映射到–1～1 之间。

按照下式进行归一化运算：

$$x_{ij}^* = 2 \times (x_{ij} - d\min_j) / (d\max_j - d\min_j) - 1 \tag{8.4}$$

式中，x_{ij}^* 表示归一化后的样本数据，i 为样本数，j 为样本的分量，x_{ij} 表示第 i 个样本的第 j 个分量，$d\max_j$ 为第 j 个样本分量的最大值，$d\min_j$ 为第 j 个样本分量的最小值。

步骤 4：将归一化后的数据输入到步骤 2 建立的位置 RBF 神经网络模型和摆角 RBF 神经网络模型中，其中的一部分数据作为训练样本，一部分作为测试样本。

每组数据有 4000 个数据，从 7 组数据里各随机抽出 200 个数据，共 1400 个实验数据作为训练样本，7 组数据分别作为测试样本。

步骤 5：设置桥式吊车位置或摆角 RBF 神经网络模型中的径向基函数中心为寻优的参数。

步骤 6：根据步骤 4 通过位置或摆角 RBF 神经网络模型和实际位置或摆角输出的误差绝对值作为发夹变异操作 RNA 遗传算法寻优搜索的目标函数，目标函数为

$$f = \sum_{m=1}^{1400} (Y(m) - Y_m(m))^2 \tag{8.5}$$

式中，$Y(m)$ 表示实验得到的实际值，$Y_m(m)$ 表示通过 RBF 神经网络模型的输出，m 表示采样点。通过最小化目标函数获得 RBF 神经网络模型寻优参数值，hmRNA-GA 的参数设置如下：种群数 Size = 40、位置神经网络参数个数 $M = 400$ 或是摆角神经网络参数个数为 250、个体编码长度 $L = 20$、最大进化代数 $G_{max} = 500$、置换交叉概率为 $p_{pm} = 1$、换位和转位交叉概率 $p_{tftc} = 0.5$、发夹单链变异概率为 $p_{hm} = 0.5$、自适应变异概率 p_{ml}、p_{mh} 的参数选择与 2.2.4 节的相同，求解精度 $\Delta = 10^{-4}$，算法的终止规则为目标函数值小于 $\Delta = 10^{-4}$ 或是迭代次数达到最大代数 $G_{max} = 500$。

步骤 7：获得位置 RBF 神经网络模型和摆角 RBF 神经网络模型，从测试样本里按时间顺序每间隔 3 点选一点，从 4000 点数据里共选取 600 点数据，用训练后的位置和摆角 RBF 神经网络模型分别对位置和摆角测试数据进行测试，测试结果如图 8.5～图 8.8 所示。

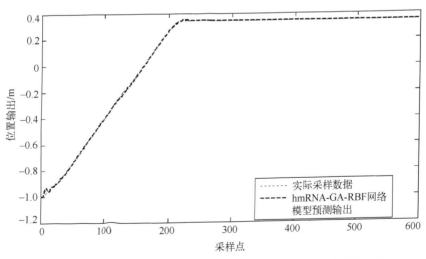

图 8.5　hmRNA-GA-RBF 神经网络模型输出和吊车实际位置输出图

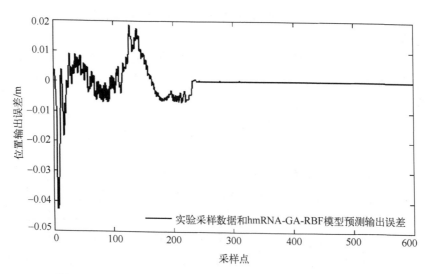

图 8.6   hmRNA-GA-RBF 神经网络模型位置输出误差比较图

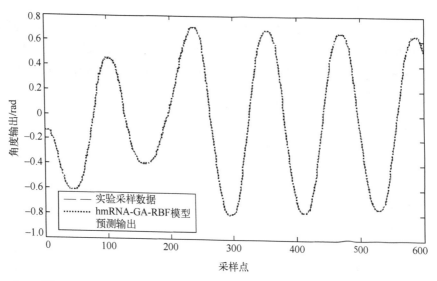

图 8.7   hmRNA-GA-RBF 神经网络模型输出和吊车实际摆角输出图

从测试结果可以看出，本章提出的一种发夹操作 RNA 遗传算法(hmRNA-GA-RBF)桥式吊车建模方法具有更高的求解精度，模型输出与实验数据点有很高的吻合性，接近系统的非线性特性。

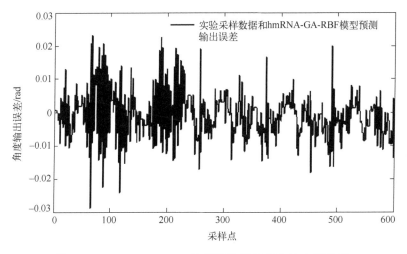

图 8.8　hmRNA-GA-RBF 神经网络模型摆角输出误差图

8.5　小　　结

　　发夹变异操作 RNA 遗传算法的桥式吊车建模方法属智能建模领域。桥式吊车是一高度非线性的复杂系统，为实现有效控制的目的，建立高精度的桥式吊车系统模型是至关重要的基础。本章针对桥式吊车建模精度问题，提出了一种 RBF 神经网络的位置和摆角的桥式吊车非线性建模方法。受发夹结构启发，本章抽象出发夹变异操作 RNA 遗传算法，使用发夹变异操作 RNA 遗传算法对桥式吊车 RBF 神经网络的径向基函数中心进行寻优，获得了桥式吊车的神经网络模型。本章的建模方法，具有建模精度高的特点，适用于复杂非线性系统的建模。

　　除了本章和第 7 章的发夹交叉操作 RNA 遗传算法的桥式吊车非参数建模方法和实验结果外，本书第 2 章～第 6 章提出的多种 RNA 遗传算法也适用于桥式吊车的非参数建模，这方面的工作还有待进一步的深入研究。

参 考 文 献

[1]　Kaneshige A, Kaneshige N, Hasegawa S, et al. Model and control system for 3D transfer of liquid tank with overhead crane considering suppression of liquid vibration[J].

International Journal of Cast Metals Research, 2008, 21 (1/4)：293-298.

[2] 马博军, 方勇纯, 王鹏程, 等. 三维桥式吊车自动控制实验系统[J]. 控制工程, 2011, 18 (2)：239-243.

[3] Huang J, Liang Z, Zang Q. Dynamics and swing control of double-pendulum bridge cranes with distributed-mass beams[J]. Mechanical Systems and Signal Processing, 2015, 54/55: 357-366.

[4] Ismail R M T R, That N D, Ha Q P. Modelling and robust trajectory following for offshore container crane systems[J]. Automation in Construction, 2015, 59: 179-187.

[5] Tao J L, Wang N. DNA computing based RNA genetic algorithm with applications in parameter estimation of chemical engineering processes[J]. Computers and Chemical Engineering, 2007, 31 (12)：1602-1618.

[6] Moody J E, Darken C I. Fast learning in networks of locally-tuned processing units[J]. Neural Computation, 1988, 1: 282-294.